数学で読み解く
統計力学
―平衡状態とエルゴード仮説―

森 真 著

序　文

　私は物理の専門家ではありません，ましてや統計力学の専門家でもありません．数学のエルゴード理論が専門です．聞いたことがない方も多いでしょうが，簡単に言うと空間上の変換を繰り返し行ったときの振る舞いを研究しています．これを物理の言葉で言えば，力学系の平衡状態における漸近的挙動の研究となり，まさに統計力学に該当します．実際にエルゴードという名前も統計力学におけるエルゴード仮説から来ていますし，その他にもエントロピーやギッブス測度など統計力学の概念が用いられます．

　私自身が統計力学に出会ったのは，ルエル (Ruelle) の Statistical Mechanics, rigorous results, W.A. Benjamin (1969) です．この本は一度絶版になったようですが，現在 World Scientific (1999) から再び出版されたようです．エルゴード理論の勉強のついでに，その起源ともいうべき統計力学も学んでみようかと手にとってみたのですが，衝撃的な本でした．それまでにも学生時代に熱力学や統計力学も学んでいたのですが，ルエルの本は数学的な厳密さをもちながら，豊かな物理の世界を感じさせるすばらしいものでした．

　その後，本人に会う機会も何度かありました．日本に来たときにはわざわざ彼の本にサインをしたものをもって来てプレゼントされて感激しましたし，彼の 60 歳の誕生祝いシンポジウムにも参加させてもらいました．物理を数学的にとらえるという偉大な研究を成し遂げたパイオニアです．フランスの IHES を 2000 年に退職し，現在は名誉教授です．

　実際に多数の分子の運動を数学的にとらえようという試みはシナイ (Sinai) やランフォード (Lanford) など多数によって研究されました．その他にも相転移の研究など幅広く研究が進んでいますが，まだ，山の足下にたどり着いたかど

うかというのが現状でしょう．しかし，エルゴード理論そのものは数論などの純粋数学の分野へも幅広く発展していて，さらにカオス，フラクタルといった思いも付かなかった分野への応用へと広がっています．

とくに説明したかったのは，平衡状態とは確率であるということです．複雑な運動をする系では，軌道は全空間をくまなく巡ることから軌道に沿った平均は平衡状態による平均とみなすことができます（これをエルゴード仮説という）．統計力学的な諸量はランダムな量と考えられますが，系が大きいために分散は小さくなり，一定の値（平均値）をとると考えるのです．

その他にも，統計力学の歴史的なモニュメントであり，時間の非可逆性に言及したボルツマン方程式 (Boltzmann) にもふれました．最後に物理モデルとしては素朴ですが数学的なモデルでエルゴード性（エルゴード仮説）の話をまとめてみました．

この本では，ルエルの本とランフォードの Time evolution of large classical systems, Lect. Notes in Phys. vol. 38, Springer, Berlin (1975) を下敷きにして，わかりやすいモデルについてなるべくシンプルな数学を用いて統計力学を説明してみようと心がけました．また，宮本宗実氏の統計力学（数学からの入門），日本評論社も格子系の相転移について詳しく書かれていて，参考にさせていただきました．世界的に著名な久保亮五氏は教育的な統計力学の本を何冊か書かれていますが，統計力学，共立出版は定評のある本で，物理学者の視点でわかりやすく書かれています．余談ですが，学科が違ったのでお話をする機会はなかったのですが，理学部長だった縁で卒業証書に署名を頂いているのが私のちょっとした自慢です．

数学的な話で本論とは直接関わりのないと思われるものは付録として付けました．必ずしも本論の順序通りにはならず，とりとめのない印象を受けるかもしれませんが，本文中で数学を前面に押し出さないようにすることのほうを優先したつもりです．

共立出版の松永さんには，魅力的な題材での執筆を勧めていただき，軽薄な

筆者は身の程も省みず，引き受けてしまいました．浅学な私を励まして，貴重なアドバイスをいただいたおかげでやっと，このような形で本にまとめることができました．ここに紙面を借りて謝意を表したいと思います．

2006 年 10 月

森　真

目 次

第 1 章　統計力学のモデル　　1
　1.1　統計力学 1
　1.2　平衡状態 2
　　　1.2.1　エーレンフェストの壺 3
　　　1.2.2　簡単なモデル 4
　　　1.2.3　壺に戻って 6
　1.3　相空間 10
　1.4　理想気体 17
　　　1.4.1　自然な確率分布 18
　　　1.4.2　運動の存在 19
　　　1.4.3　理想気体の平衡状態 24
　1.5　ボルツマン方程式 25
　　　1.5.1　BBGKY ヒエラルキー 36
　　　1.5.2　ボルツマン・グラッド極限 40

第 2 章　熱力学的極限　　45
　2.1　アンサンブル 45
　　　2.1.1　古典連続系 46
　　　2.1.2　古典格子系 51
　　　2.1.3　量子系 51
　2.2　1 次元格子系の熱力学的極限 53
　　　2.2.1　理想気体の場合 54
　　　2.2.2　カノニカルアンサンブル 55

		2.2.3	行列による表現	57
		2.2.4	相互作用のないスピン系の場合	58
		2.2.5	分子が隣り合うことができない場合（マルコフ型）	61
		2.2.6	一般のマルコフ型	63
		2.2.7	イジングモデル	63
		2.2.8	一般の場合	64
	2.3	1次元連続系		65
		2.3.1	ミクロカノニカルアンサンブルの熱力学的極限	65
		2.3.2	運動エネルギーも考える	70
		2.3.3	カノニカルアンサンブル	73
		2.3.4	グランドカノニカルアンサンブル	74
		2.3.5	ポテンシャルと次元の一般化	75
	2.4	エネルギーの存在再考		83

第3章 変分原理，ギップス測度，相転移　　93

	3.1	簡単な場合		93
		3.1.1	格子理想気体	93
		3.1.2	相互作用のないスピン系の場合	97
		3.1.3	分子が隣り合うことができない場合	98
		3.1.4	連続系の変分原理	103
	3.2	ギップス測度		111
	3.3	相転移の存在		116
		3.3.1	イジングモデルの相転移	116
		3.3.2	相転移と分配関数の微分不可能性	120

第4章 温度，エントロピー，圧力，化学ポテンシャル　　133

	4.1	温度とエントロピー	133
	4.2	圧力	139
	4.3	化学ポテンシャル	142

第 5 章　統計力学の時間発展（エルゴード性）　　**145**

- 5.1　エルゴード定理 145
- 5.2　エルゴード性 149
  - 5.2.1　数学的なモデル 153
  - 5.2.2　エルゴード性の証明 158
- 5.3　さまざまなエルゴード性 163
- 5.4　時間が連続な場合 167
- 5.5　理想気体のエルゴード性 168
- 5.6　マルコフ型の場合 171
- 5.7　エルゴード性の判定 176
- 5.8　エントロピーの定義 181
- 5.9　力学系の同型 189
- 5.10　不変量 193

第 6 章　付録　　**197**

- 6.1　数列 197
  - 6.1.1　極限 197
  - 6.1.2　数列その 1 199
  - 6.1.3　数列その 2 201
- 6.2　確率 204
  - 6.2.1　確率分布 204
  - 6.2.2　確率空間 208
  - 6.2.3　極限定理 209
  - 6.2.4　条件付き確率，条件付き平均 210
- 6.3　関数解析 214
  - 6.3.1　関数空間 214
  - 6.3.2　線形写像 217
  - 6.3.3　ルベーグ積分 219
  - 6.3.4　フーリエ級数 221
- 6.4　その他 223

- 6.4.1 対角線論法と区間縮小法 223
- 6.4.2 非負の成分をもつ行列 224

索　引　　**231**

第1章 統計力学のモデル

　お湯に氷を入れれば平衡状態，ぬるま湯になる．この章では，簡単なモデルを考えることで，日頃さりげなく用いている，この「平衡状態」とは何かを考えてみよう．話題は変わるが，統計力学の最大の謎である時間に関する非可逆性，「ぬるま湯はお湯と氷になることはない」を説明する有名なモデルであるボルツマン方程式にもふれてみよう．

1.1 統計力学

　あたりを見回して部屋の中の空気分子の運動を考えてみよう．1つや2つだけの分子の運動なら，それらの振る舞いを記述するのは難しいことではないかもしれない．しかし，目の前にある分子は，確かに数学的に言えば有限ではあるものの，ほとんど無数と言えるほどあり，その上，互いに複雑にぶつかり合い相互に影響し合いながら運動をしている．その振る舞いを記述することなどとても不可能なようにみえる．

　複雑な挙動をするならば，その振る舞いはまったく予想が付かないはずなのだが，目の前の分子が突然全部なくなって，息ができなくなるなんて心配はしたことがないはずである．分子1つひとつの運動は想像も付かないほど複雑なのに，大きな塊としてみると突拍子もない振る舞いはしないと思われる．

　空気の分子はランダムに動いているのだから，周りにある空気の分子がなくなるなんて可能性があるはずはないと考えていないだろうか．確かに無数の粒子がランダムに動いているなら，ある時点で私たちの周りから分子がなくなるなんてことは起こりそうにもない．とはいえ，初期状態，つまりある時点での粒子の配置が完璧にわかれば，後は運動方程式に従って，分子があまりにたく

さんあるので現実には無理としても，原理的には解けるはずである．となれば，ランダムであることを根拠にしたこの議論は説得力を失うことになってしまう．この疑問の解決は 5 章でエルゴード仮説について論じるまでお預けとしよう．

空気の分子の配置は巨視的には時間とともに変わることはなく，私たちの周りにある空気の量はずっと変わらないという考え方もあるだろう．確かにこれも一理あるが，分子は速度をもって運動しているのだから，時間とともに変わらないものとは何かという新しい疑問が生じてくる．

分子の数が増えるほど，方程式は数を増し，複雑になっていくと思われるが，多数あることによって新たな秩序が生まれてくると考えることはできないだろうか．固体も液体も気体もミクロの視点でみれば，分子の平均速度が固体では遅く，気体では速いぐらいの違いしか目に付かないだろう．しかし，目の前の物質は固体であるか，液体であるか，気体であるかでまったく異なる様相をしている．ミクロの複雑さに比べて，マクロにはある種の秩序があるといえるだろう．ミクロには決定論的であっても，マクロ的にはランダム性により説明が付くということになる．熱とか圧力という身近な概念もミクロの観点では把握できず，多数の複雑な振る舞いにより定まる秩序を記述するものである．

本来なら決定論で説明できるはずなのに，多数あることで新たに生まれたこの秩序をランダムというキーワードで説明しようというのが統計力学であると言うことができるだろう．この原理をごく簡単なモデルで探っていくことにしよう．

1.2 平衡状態

多数の粒子があることで生じる秩序のキーワードは平衡状態であろう．素朴な観点からは，「状態」といえば分子の位置を記述するもの，ちょっと古典力学を知っていれば，分子の位置と速度を定めるものである．その素朴な観点から考えれば，時間とともに変わらない状態とは，すべての分子の速度がゼロでなければならないはずである．そんな何も変化しない世界を対象にしても得られるものはない．

時間とともに変わらない状態とは何か，から出発しよう．

図 **1.1** エーレンフェストの壺

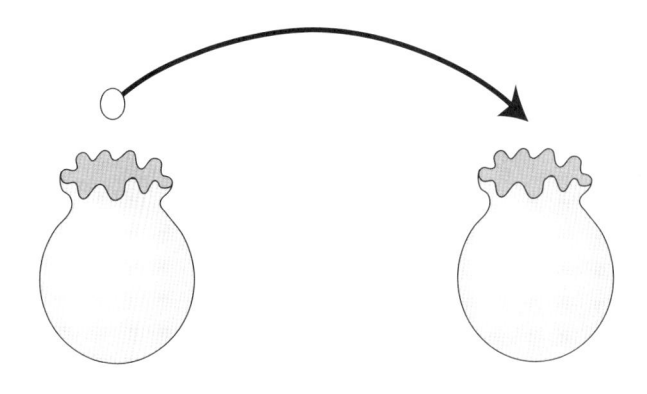

1.2.1 エーレンフェストの壺

エーレンフェストの壺は，多数の粒子の運動を記述する統計力学のモデルとして提唱されたわかりやすいモデルである．

図 1.1 のように 2 つの壺を用意しよう．そしてボールが N 個あるとする．ボールには番号がふってある．これらのボールを 2 つの壺に分けて入れ，1 から N までの番号を 1 つ選んで，その番号のボールを入っている壺から取り出して，他の壺へと移動する．これをひたすらに繰り返すというのがこのモデルである．

現実的なモデルとしては，図 1.2 のように 2 つの球を細い管でつないだものを用意する．この装置の中に空気の分子が多数入っている．その合計個数を N 個としよう．空気の分子はでたらめに動きまわると考えられる．でたらめに動きまわるのだからときどき 2 つの球をつなぐ管を通って他の球へと移動していくだろう．分子が多いほうから少ないほうへの移動のほうが確率は当然高いから，この装置を数学的にモデル化したものが，エーレンフェストの壺になっていることが納得できるだろう．この装置を長い時間観察したらどんな風になるか考えてみよう．たとえ，はじめに片方の球が空っぽでも，時間が経てば多いほうから少ないほうへと移動するチャンスが多いわけだから，長い時間には 2 つの球に入っている分子の数（エーレンフェストの壺なら 2 つの壺に入ってい

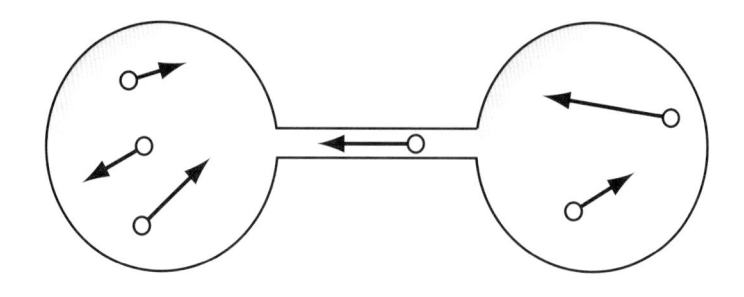

図 **1.2** エーレンフェストの壷

るボールの数）は等しくなってくるだろうという予想がたつ．これを数学的にチェックしよう．

両方の球に半分ずつ分子が入った状態を平衡状態とみなすことができるが，ある時刻に両方の球に同数の分子が入っていたとしても，すぐに分子が移動してしまい半数ずつではなくなってしまう．それでは時間とともに変わらない平衡状態とは言えないのではないだろうか．直感では間違いなく，壷に半数ずつボールが入っているのが平衡状態のはずだが，今一つ説得力を欠いている．この現象の説明を考えてみよう．

1.2.2 簡単なモデル

多数の粒子のモデルを扱う前に，もっとシンプルなモデルで記号などを準備しておこう．図 1.3 のように，2 つの状態 A と B というのがあるとする．状態 A からは 1 時刻経過すると確率 p で状態 B に移動する．ということは確率 $1-p$ で状態 A のままでいることになる．状態 B にいると 1 時刻後には必ず状態 A に移動するものとしよう．これは例えば工場の機械の状態をモデル化したものになっている．状態 A は故障なく機械が働いている状態，状態 B は機械が壊れてしまった状態とすると，正常なときにはある確率 p で壊れて状態 B に移動するが，壊れたら必ず次の時刻では修理して正常な状態に戻すという風に考えられる．こうしたものは確率オートマトンなどといわれ，コンピュータサイエン

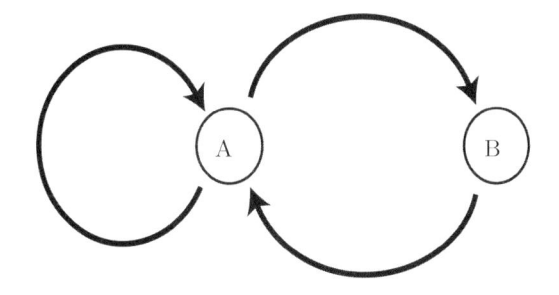

図 **1.3** オートマトン

スでも用いられる重要な概念である．
　このメカニズムは行列

$$\Pi = \begin{pmatrix} 1-p & p \\ 1 & 0 \end{pmatrix}$$

で表現できる．行列の $(1,1)$ 成分 $\Pi_{11} = 1-p$ は，状態 A にいるという条件のもとで 1 時刻後にも状態 A にいる確率，$(1,2)$ 成分 $\Pi_{12} = p$ は，状態 A にいるという条件のもとで状態 B に 1 時刻後に移動する確率，$(2,1)$ 成分 $\Pi_{21} = 1$ は，状態 B にいるという条件のもとで状態 A に 1 時刻後に移動する確率，最後に $(2,2)$ 成分 $\Pi_{22} = 0$ は，状態 B にいるという条件のもとで 1 時刻後にも状態 B にいる確率 (条件付き確率) を与えているので，この行列を推移確率行列とよぶ．
　Π^2 を考えてみよう．この $(1,1)$ 成分 $(\Pi^2)_{11}$ は行列のかけ算から $\Pi_{11}\Pi_{11} + \Pi_{12}\Pi_{21}$ に等しいわけだが，この第 1 項は，はじめ状態 A にいるという条件のもとで，次も A にいてさらにその次も A にいる確率を表している．第 2 項ははじめ状態 A にいるという条件のもとで，次は状態 B にいって，またその次に状態 A に戻って来る確率を表している．ということは，$(\Pi^2)_{11}$ ははじめ A にいるという条件のもとで 2 時刻後にも A にいる確率を表している．一般に $(\Pi^n)_{ij}$ についてもわかるであろう．$i=1$ ならはじめ状態 A にいるという条件のもとで，n 時刻後に $j=1$ なら A に，$j=2$ なら B にいる条件付き確率を表している．
　それでは，今状態 A にいる確率を π_1，状態 B にいる確率を π_2 としよう．1 時刻後に状態 A にいる確率は今 A にいて，次も A にいる確率と今 B にいて次

に A に移動する確率の和だから $\pi_1 \Pi_{11} + \pi_2 \Pi_{21}$ と表せる．これは行列を用いると $(\pi_1, \pi_2)\Pi$ の第 1 成分であるし，この横ベクトルの第 2 成分は同様に 1 時刻後に状態 B にいる確率に等しくなっている．横ベクトル $\pi = (\pi_1, \pi_2)$ を初期確率とよぶ．

今，この機械を長い時間動かしていてランダムに機械の点検にいくことにしよう．きっと，ある確率で正常であって，この確率は時間が経過しても変わらないものであるはずである．これを不変確率とよぶのだが，これを求めてみよう．不変確率は 1 時刻経過しても変わらないはずだから

$$\pi \Pi = \pi$$

をみたしていなければならない．言い換えれば，π は行列 Π の固有値 1 の固有ベクトルであることがわかる．

一般的に，ペロン・フロベニウスの定理（定理 6.7）に述べるように，推移確率行列 Π に対して，

(1) $\pi \Pi = \pi$
(2) $\pi_i \geq 0$
(3) $\sum_i \pi_i = 1$

をみたす不変確率 π が存在することがわかる．さらにある条件をみたせば，このような不変確率 π はただ 1 つであることも示される．

1.2.3　壺に戻って

1.2.1 項で説明したエーレンフェストの壺に戻ろう．1 つの壺（左側としよう）に注目してその壺に入っているボールの個数を k としよう．ランダムに選ぶのだから，確率 $\frac{k}{N}$ でその壺に入っているボールを選んで他方へ移動する．このとき，この壺の中のボールは 1 つ減って $k-1$ になる．また，確率 $1 - \frac{k}{N} = \frac{N-k}{N}$ で他方の壺に入っているボールを選ぶので，このときにはこの壺のボールは $k+1$ 個になる（図 1.4）．たとえば，はじめ左の壺には 1 つも入っていないなら，次の時点では右の壺からボールを 1 つ移動することになり，左の壺にはじめ 1 つ

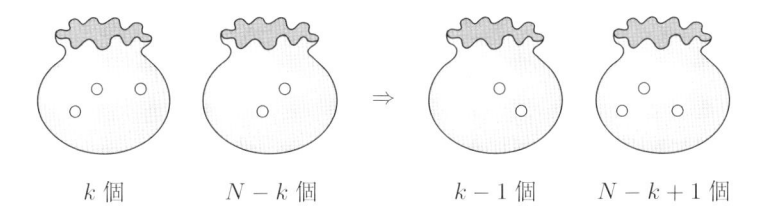

図 1.4 ボールの移動

入っているなら，確率 $\frac{1}{N}$ で左の壺のボールが選ばれ，その中のボールを右の壺に移動して，左の壺には1つもボールがなくなり，確率 $\frac{N-1}{N}$ で右の壺のボールが選ばれ，左の壺には2つのボールが入ることになる．これをまとめて，1.2.2項のように，推移確率行列を書けば

$$\Pi = \begin{pmatrix} 0 & 1 & 0 & 0 & \cdots & 0 & 0 & 0 \\ \frac{1}{N} & 0 & \frac{N-1}{N} & 0 & \cdots & 0 & 0 & 0 \\ 0 & \frac{2}{N} & 0 & \frac{N-2}{N} & \cdots & 0 & 0 & 0 \\ \vdots & \vdots & \vdots & \vdots & \ddots & \vdots & \vdots & \vdots \\ 0 & 0 & 0 & 0 & \cdots & \frac{N-1}{N} & 0 & \frac{1}{N} \\ 0 & 0 & 0 & 0 & \cdots & 0 & 1 & 0 \end{pmatrix}$$

で与えられる．

この推移確率行列 P によって，左の壺に i 個のボールがあるとき，次に j 個になる確率が与えられた．長い時間が経過したとすると，左の壺に i 個入っている確率 π_i は一定の値になると予想される．この確率は不変確率とよばれ，$(\pi_0, \ldots, \pi_N)P = (\pi_0, \ldots, \pi_N)$ が成り立つ．この横ベクトルは推移確率を代入すると

$$\pi_0 = \frac{1}{N}\pi_1$$
$$\pi_1 = \pi_0 + \frac{2}{N}\pi_2$$
$$\pi_k = \left(1 - \frac{k-1}{N}\right)\pi_{k-1} + \frac{k+1}{N}\pi_{k+1} \quad (1 \leq k \leq N-1)$$
$$\pi_N = \frac{1}{N}\pi_{N-1}$$

をみたす．これより，$\pi_k = \binom{N}{k}\pi_0$†をみたすことが帰納的に確かめられる．実際，$k=0$ のときは正しいのは明らかである．

$$\pi_k = \left(1 - \frac{k-1}{N}\right)\pi_{k-1} + \frac{k+1}{N}\pi_{k+1}$$

から，k まで正しいとすると，

$$\binom{N}{k}\pi_0 = \left(1 - \frac{k-1}{N}\right)\binom{N}{k-1}\pi_0 + \frac{k+1}{N}\pi_{k+1}$$

が成り立つ．ゆえに

$$\begin{aligned}
\pi_{k+1} &= \frac{N}{k+1}\left(\binom{N}{k} - \left(1 - \frac{k-1}{N}\right)\binom{N}{k-1}\right)\pi_0 \\
&= \frac{N}{k+1}\left(\frac{N!}{(N-k)!k!} - \frac{N-k+1}{N}\frac{N!}{(N-k+1)!(k-1)!}\right)\pi_0 \\
&= \frac{N}{k+1}\left(\frac{N!}{(N-k)!k!} - \frac{(N-1)!}{(N-k)!(k-1)!}\right)\pi_0 \\
&= \frac{N}{k+1}\frac{(N-1)!}{(N-k)!k!}(N-k)\pi_0 \\
&= \frac{N!}{(N-k-1)!(k+1)!}\pi_0 \\
&= \binom{N}{k+1}\pi_0
\end{aligned}$$

により確かめられる．全体の確率が 1 であることから

$$\sum_{i=1}^{N}\pi_i = \sum_{k=0}^{N}\binom{N}{k}\pi_0 = 1$$

一方，2 項定理より

$$\sum_{k=0}^{N}\binom{N}{k} = (1+1)^N = 2^N$$

であるので，$\pi_0 = 2^{-N}$ がわかる．したがって，$\pi_k = \binom{N}{k}2^{-N}$ となるから，これは N 個の硬貨を投げたときの表の回数を表す確率分布である 2 項分布（6.2.1

---

†N 個の中から k 個を選ぶ通り数を $\binom{N}{k} = \frac{N!}{(N-k)!k!}$ で表す．高校では $_N C_k$ のように表すが，世界標準に従うことにしよう．

項）に等しいことになる．ここで誰もが知っている事実，「硬貨を多数回投げればその約半数は表になる」を用いれば，N が大きいときには，この壺には全体のボールの約半数が入っていることが示せたことになる．

このことを確率論の言葉で表現してみよう．硬貨投げをして表が出れば 1, 裏が出れば 0 という確率変数を考えると平均は $\frac{1}{2}$ で分散は $\frac{1}{4}$ である．そこで X_1 で 1 回目の硬貨投げ，X_2 を 2 回目の硬貨投げなどとすれば，これらはもちろん独立である．$X_1 + \cdots + X_N$ は N 回硬貨を投げたときの表の回数になるが，この確率変数が k となる確率は $\binom{N}{k} 2^{-N}$ になるので，確率分布が上で与えた 2 項分布になる．大数の法則（定理 6.3）によると $\frac{X_1 + \cdots + X_N}{N}$ は平均 $\frac{1}{2}$ に近付く．このことを例にあてはめると，壺に入っているボールの割合は $\frac{X_1 + \cdots + X_N}{N}$ とみなせるので，$\frac{1}{2}$ に近付くことがわかる．

もっと，詳細に考えるには中心極限定理（定理 6.4）を用いて，N が十分に大きければ，壺の中のボールの割合 $\frac{X_1 + \cdots + X_N}{N}$ は平均 $\frac{1}{2}$，分散 $\frac{1}{4N}$ の正規分布に概ね従うことになる．このことは正規分布の性質より確率約 95% で $\frac{1}{2} \pm \frac{1}{\sqrt{N}}$ にあることになるので，ほぼ半数が片方の壺に入っていることになる．これが平衡状態であることがわかるだろう．しかし，壺の中のボールの数で考えると平均 $\frac{N}{2}$，分散 $\frac{N}{4}$ の正規分布に概ね従うことになるので，確率約 95% で $\frac{N}{2} \pm \sqrt{N}$ 内にあることになって，結構移動していることがわかる．

以上から平衡状態とは確率分布であることに納得がいってもらえただろうか．割合でみると半分ずつ壺に入っているのが平衡状態なのだが，数でみると必ずしも完璧に半分ずつ入っているとは言い切れない．このずれを，物理では「揺らぎ」という言葉で表しているようである．

最後に述べておかなければいかないことがある．ニュートンの立場にたった古典力学では，実際の物理運動は初期値が定まればあとは決まった運動をするわけで，なんらランダムな現象は存在しないはずである．それにもかかわらずランダム性を考慮した上の説明がうまくいっているのはなぜなのかを考えてやる必要があるだろう．身近な例では氷をお湯の中に入れれば融けてぬるま湯という平衡状態に達するわけだが，これも分子レベルで考えれば，氷を形成している分子の平均速度が遅く，お湯の分子の平均速度が速いという違いだけしかない．これらがランダムに動きまわるとよく混ざってしまい，平均速度の差が

なくなってぬるま湯になると考えると確かにわかりやすい．これは決まりきった運動をする場合にも平衡状態は確率分布であることから，ランダムな現象ととらえられるということだといえるだろう．多数の粒子による複雑さが導く秩序を記述するのが平衡状態に対応する確率分布であると考えたらいいのかもしれない．

1.3 相空間

エーレンフェストの壺では，分子の状態は片方の壺に入っている分子の個数全体の空間 $\Omega = \{0, 1, \ldots, N\}$ であった．では，普通の物理モデルではどのような空間の上で考えたらよいのだろう．単純な例，質点の運動で復習しよう．古典力学，つまりニュートン力学は運動方程式

$$F = ma$$

で記述される．ここで F は力，a は加速度を表す．時刻 t における位置を $x(t)$ で表せば，その微分 $v(t) = x'(t)$ が速度，さらに微分をすれば $v'(t) = x''(t)$ が加速度を表す．力 F は質点の位置と速度で決まるとすれば，運動方程式は，加速度が位置と速度から決定されることを意味している．

私たちは質点の運動を考えるとき，その位置のみに注目してしまう．だから，私たちの世界は 3 次元だなんて簡単に言ってしまうのだろうが，質点には速度があり，速度も表すには 3 次元の空間が必要である．運動方程式をみれば加速度は位置と速度で決まることになるはずだから，質点の運動は位置を表す 3 次元，速度を表す 3 次元のそれぞれの点が定まれば，運動は完全に記述できることになる．いっそ，位置の 3 次元と速度の 3 次元，あわせて 6 次元の空間の 1 点とみなしてしまえば，質点の運動は完璧に記述できることになるというわけだ．

例 1.1 もっとも単純な例だが，質点の落下を考えてみよう．落ちるだけなのだから，位置も 3 次元で考える必要はないであろう．高さの方向の 1 次元だけにしよう．同様に速度方向も縦方向のみを考えれば，質点の運動は 2 次元で記述できることになる．質点の質量を m とすれば，下向きに重力 mg が働いている

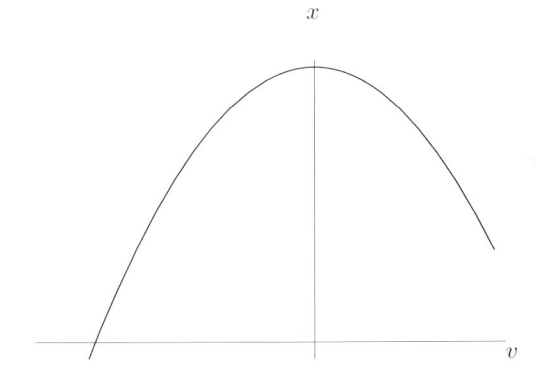

図 **1.5** 相空間における質点の運動

から運動方程式は

$$
\begin{aligned}
x'(t) &= v(t) \\
mv'(t) &= -mg
\end{aligned}
$$

と表されることになる．これは容易に解けて，時刻 0 での位置と速度を $x(0) = x_0$, $v(0) = v_0$ とすると

$$
\begin{aligned}
x(t) &= x_0 + v_0 t - \frac{1}{2}gt^2 \\
v(t) &= v_0 - gt
\end{aligned}
$$

となる．したがって，t を消去すると質点の落下の運動は

$$ x = x_0 + \frac{v_0^2}{2g} - \frac{v^2}{2g} $$

と質点の軌道は図 1.5 のように (x, v) 平面の放物線として表されることがわかった．

例 1.2 もう 1 つ，単純なモデルを述べておこう．ふりこの運動である．1 つの平面を移動するふりこは鉛直線からの角度 θ とその角速度を考えれば記述でき

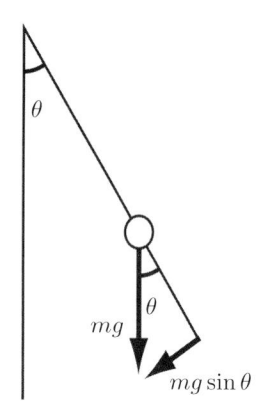

図 **1.6** ふりこの運動

る．ふりこのおもりを m, 長さを l とすると（図 1.6）

$$l\theta' = v$$
$$mv' = -mg\sin\theta$$

となる．θ が十分に小さいときには $\sin\theta \sim \theta$ とみなせるので，上の方程式は

$$l\theta' = v$$
$$mv' = -mg\theta$$

で近似できるはずである．この方程式の解は

$$\theta(t) = A\sin\left(\sqrt{\frac{g}{l}}t + \omega_0\right)$$

で与えられることは容易にチェックできる．A や ω_0 は最初の位置や速度で決定される．予想通り，ふりこは図 1.7 のように周期運動がすることが導かれた．

もっとも，ふりこの振り幅 θ が大きくなると $\sin\theta \sim \theta$ とみなすことができなくなるので，その解を簡単には表すことはできない．本当の解は図 1.8 のように θ が大きいところでは図 1.7 と大きく異なる挙動をする．

以上の例からもわかるように，位置だけではなく速度も含めて考えると見通しがよくなることがわかった．上の 2 つの例は質点が 1 つだけの場合である．

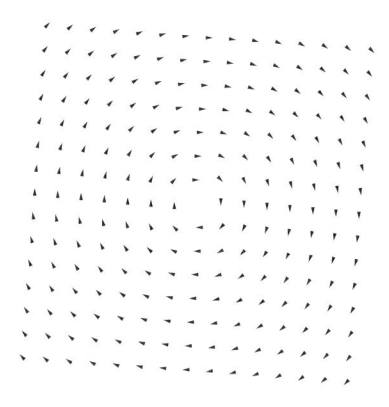

図 1.7 $\sin\theta = \theta$ とみたときの，ふりこの相空間での運動

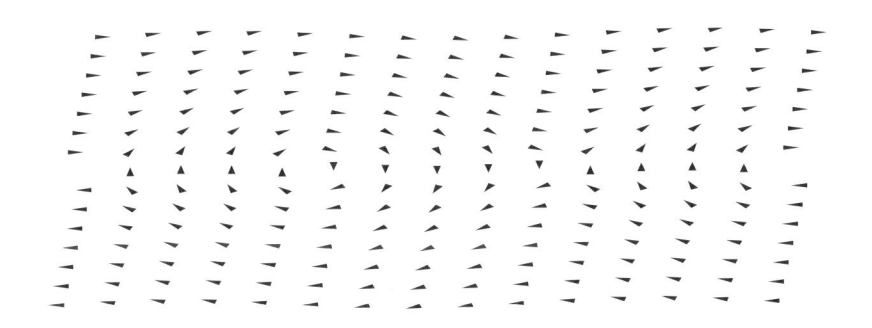

図 1.8 本当のふりこの相空間での運動

質点が 2 つになれば，それらの位置が 3 次元ずつ，速度が 3 次元ずつというわけで，全部まとめて 12 次元の空間の 1 点とみなして 2 つの質点の運動を考えると見通しがよくなる．質点が n 個あれば，$6 \times n$ 次元の空間 $\mathbb{R}^{6n}$ を考えなければならない．しかし，空間全体を考える必要は必ずしもない．質点ではなく，大きさをもった剛体の運動だったら，剛体間の距離は一定値以下にはなれないので，$\mathbb{R}^{6n}$ の一部だけを動くことになる．

このように，位置と速度を質点の数だけ考えた空間を用意するとよいことがわかってもらえただろうか．物理では通常，速度 v ではなくモーメント $p = mv$

で考えるが，本質的な差はない．習慣に従って，位置のベクトル q とモーメントのベクトル p を質点の数だけ並べた点の集合を相空間という．古典力学に従う質点の運動はこの相空間の点のみたす微分方程式の解の運動として記述できることになる．

もう1つ重要な運動方程式について述べておこう．

例 1.3 分子が n 個あるとしよう．分子の位置は $(\boldsymbol{q}_1, \ldots, \boldsymbol{q}_n)$，対応するモーメントは $(\boldsymbol{p}_1, \ldots, \boldsymbol{p}_n)$ と表そう．位置と速度はそれぞれ3次元あるので

$$\boldsymbol{q}_i = \begin{pmatrix} q_i^1 \\ q_i^2 \\ q_i^3 \end{pmatrix}, \quad \boldsymbol{p}_i = \begin{pmatrix} p_i^1 \\ p_i^2 \\ p_i^3 \end{pmatrix}$$

と表される．相空間は

$$(\boldsymbol{q}_1, \ldots, \boldsymbol{q}_n, \boldsymbol{p}_1, \ldots, \boldsymbol{p}_n)$$

全体，もしくは全部並べて

$$(q_1^1, q_1^2, q_1^3, \ldots, q_n^1, q_n^2, q_n^3, p_1^1, p_1^2, p_1^3 \ldots, p_n^1, p_n^2, p_n^3)$$

全体ということになる．これでは表現が煩雑になるので，$3n = N$ として，位置やモーメントも並べてしまって

$$(\boldsymbol{q}, \boldsymbol{p}) = (q_1, q_2, \ldots, q_N, p_1, p_2, \ldots, p_N)$$

と表そう．この全体が相空間である．この上にハミルトニアン $H(\boldsymbol{q}, \boldsymbol{p})$ を用いて

$$\frac{dq_i}{dt} = \frac{\partial}{\partial p_i} H(\boldsymbol{q}, \boldsymbol{p}), \quad \frac{dp_i}{dt} = -\frac{\partial}{\partial q_i} H(\boldsymbol{q}, \boldsymbol{p})$$

と記述される運動を考えよう．

例 1.1 では $N = 1$ で

$$H(q, p) = mgq + \frac{p^2}{2m}$$

例 1.2 でも $N = 1$ で

$$H(q, p) = -mgl \cos q + \frac{p^2}{2m}$$

で記述されている．いずれも右辺は位置エネルギー＋運動エネルギーになっていることにも注意しておいてほしい．

この運動方程式では通常の $dq_1 \cdots dq_N dp_1 \cdots dp_N$ で与えられる体積は時間とともに不変である．一般の場合も同じなので，$N=1$ の場合にのみ示すことにしよう．初期状態 (q,p) の時刻 t 後の位置を $T_t(q,p) = (q_t, p_t)$ で表そう．H は2回微分ができて，2回微分が連続であることを仮定しよう（これを2回連続微分可能という）．$A \subset \mathbb{R}^2$ の集合とする．$T_{-t}(A)$ とは時刻 t 後に A に属する点の集まりを表すのだから，$(q,p) \in T_{-t}(A)$ とは $(q_t, p_t) \in A$ である．$dqdp$ が時間とともに変わらないことは

$$\int_A dqdp = \int_{T_{-t}(A)} dqdp = \int_A dq_t dp_t$$

を示せばわかる．したがって，変数変換 $(q_t, p_t) \to (q,p)$ のヤコビアン

$$J(t) = \begin{vmatrix} \frac{\partial q_t}{\partial q} & \frac{\partial q_t}{\partial p} \\ \frac{\partial p_t}{\partial q} & \frac{\partial p_t}{\partial p} \end{vmatrix}$$

が1に等しいことを示せばよいことになる．そこで

$$\begin{aligned}
\frac{dJ}{dt} &= \begin{vmatrix} \frac{d}{dt}\frac{\partial q_t}{\partial q} & \frac{d}{dt}\frac{\partial q_t}{\partial p} \\ \frac{\partial p_t}{\partial q} & \frac{\partial p_t}{\partial p} \end{vmatrix} + \begin{vmatrix} \frac{\partial q_t}{\partial q} & \frac{\partial q_t}{\partial p} \\ \frac{d}{dt}\frac{\partial p_t}{\partial q} & \frac{d}{dt}\frac{\partial p_t}{\partial p} \end{vmatrix} \\
&= \begin{vmatrix} \frac{\partial}{\partial q}\frac{dq_t}{dt} & \frac{\partial}{\partial p}\frac{dq_t}{dt} \\ \frac{\partial p_t}{\partial q} & \frac{\partial p_t}{\partial p} \end{vmatrix} + \begin{vmatrix} \frac{\partial q_t}{\partial q} & \frac{\partial q_t}{\partial p} \\ \frac{\partial}{\partial q}\frac{dp_t}{dt} & \frac{\partial}{\partial p}\frac{dp_t}{dt} \end{vmatrix} \\
&= \begin{vmatrix} \frac{\partial}{\partial q}\frac{\partial H}{\partial p_t} & \frac{\partial}{\partial p}\frac{\partial H}{\partial p_t} \\ \frac{\partial p_t}{\partial q} & \frac{\partial p_t}{\partial p} \end{vmatrix} + \begin{vmatrix} \frac{\partial q_t}{\partial q} & \frac{\partial q_t}{\partial p} \\ -\frac{\partial}{\partial q}\frac{\partial H}{\partial q_t} & -\frac{\partial}{\partial p}\frac{\partial H}{\partial q_t} \end{vmatrix}
\end{aligned}$$

ところで

$$\begin{aligned}
\begin{vmatrix} \frac{\partial}{\partial q}\frac{\partial H}{\partial p_t} & \frac{\partial}{\partial p}\frac{\partial H}{\partial p_t} \\ \frac{\partial p_t}{\partial q} & \frac{\partial p_t}{\partial p} \end{vmatrix} &= \begin{vmatrix} \frac{\partial^2 H}{\partial q_t \partial p_t}\frac{\partial q_t}{\partial q} + \frac{\partial^2 H}{\partial p_t^2}\frac{\partial p_t}{\partial q} & \frac{\partial^2 H}{\partial q_t \partial p_t}\frac{\partial q_t}{\partial p} + \frac{\partial^2 H}{\partial p_t^2}\frac{\partial p_t}{\partial p} \\ \frac{\partial p_t}{\partial q} & \frac{\partial p_t}{\partial p} \end{vmatrix} \\
&= \begin{vmatrix} \frac{\partial^2 H}{\partial q_t \partial p_t}\frac{\partial q_t}{\partial q} & \frac{\partial^2 H}{\partial q_t \partial p_t}\frac{\partial q_t}{\partial p} \\ \frac{\partial p_t}{\partial q} & \frac{\partial p_t}{\partial p} \end{vmatrix}
\end{aligned}$$

$$= \frac{\partial^2 H}{\partial q_t \partial p_t}\left(\frac{\partial q_t}{\partial q}\frac{\partial p_t}{\partial p} - \frac{\partial q_t}{\partial p}\frac{\partial p_t}{\partial q}\right)$$

同様に計算すると

$$\begin{vmatrix} \frac{\partial q_t}{\partial q} & \frac{\partial q_t}{\partial p} \\ -\frac{\partial}{\partial q}\frac{\partial H}{\partial q_t} & -\frac{\partial}{\partial p}\frac{\partial H}{\partial q_t} \end{vmatrix} = -\frac{\partial^2 H}{\partial q_t \partial p_t}\left(\frac{\partial q_t}{\partial q}\frac{\partial p_t}{\partial p} - \frac{\partial q_t}{\partial p}\frac{\partial p_t}{\partial q}\right)$$

以上により

$$\frac{dJ}{dt} = 0$$

であり,さらに $J(0) = 1$ であることから,$J(t) = 1$ であることがわかる.このことから,ハミルトニアンでは体積が不変測度であることが示された.これをリューヴィル (Liouville) の定理という.

もう 1 つ大切なことに注意しておこう.

$$\begin{aligned}\frac{d}{dt}H(q_t, p_t) &= \frac{\partial H}{\partial q_t}\frac{dq_t}{dt} + \frac{\partial H}{\partial p_t}\frac{dp_t}{dt} \\ &= -\frac{dp_t}{dt}\frac{dq_t}{dt} + \frac{dq_t}{dt}\frac{dp_t}{dt} \\ &= 0\end{aligned}$$

であることから,ハミルトニアン $H(q_t, p_t)$ は軌道の上で不変であることがわかる.定数 E(エネルギー)について

$$\{(\boldsymbol{q}, \boldsymbol{p}) : H(\boldsymbol{q}, \boldsymbol{p}) = E\}$$

をエネルギー平面という.はじめにこの平面の上にいれば,以後も軌道はずっとこの平面にとどまることになる.

運動エネルギーを

$$T(\boldsymbol{q}, \boldsymbol{p}) = \sum_{i=1}^{N}\frac{p_i^2}{2m}$$

とおいて

$$H = T + U$$

と表したとき，U がモーメント p によらず位置 q にのみよる ($U = U(q)$) ときには

$$\begin{aligned}\frac{dq_i}{dt} &= \frac{\partial H}{\partial p_i} = \frac{p_i}{m} \\ \frac{dp_i}{dt} &= -\frac{\partial H}{\partial q_i} = -\frac{\partial U}{\partial q_i}\end{aligned}$$

をみたす．ニュートンの法則により加速度は力に比例 ($F = ma$) するので $-\frac{\partial U}{\partial q_i}$ は i 方向に働いている力であることがわかる．この U をポテンシャルとよぶ．

1.4 理想気体

いくつ質点があっても，運動は相空間の 1 点の動きによって記述されることになる．しかし，統計力学の対象は分子が無数にある場合だから，相空間はとてつもない高い次元になってしまう．

通常，私たちは無限のかなたにあるものごとを，有限の世界で近似することを考える．正確な記述とは言えないが，統計力学では逆の発想をすると考えるとよいだろう．いくら多数の分子があるといっても，しょせん有限個しかない分子の運動を記述するのに，無限個の分子の運動で近似しようと考えるのである．無限個の分子の運動を考えるとき，もっとも単純なモデルは理想気体である．理想気体では分子同士がまったく影響しあわないので，衝突するのだが 1 つひとつの分子を区別しなければ通り過ぎたとみなすことができる．この理想気体の平衡状態を記述してみよう．

簡単にするために，1 次元の理想気体の運動を考えよう．相空間は $\Omega = (\mathbb{R}^2)^{\mathbb{N}}$，したがって $\omega \in \Omega$ は

$$\omega = \{(q_n, p_n) : q_n, p_n \in \mathbb{R}, n \in \mathbb{N}\}$$

と表せる．記述を簡単にするため，分子の質量 $m = 1$ としよう．このときにはモーメントと速度は等しくなる．

1.4.1 自然な確率分布

理想気体の平衡状態を記述するために確率分布の復習をしておこう．まず，速度に関する確率分布から考えてみよう．1つの分子に着目すると，平衡状態ならば，右へ進むのも左へ進むのも同じ確率で平均は 0 であるはずである．そうなると，もっとも自然な確率分布は正規分布と言えるだろう．分子同士は影響を及ぼし合わないので，独立であると考えてよいだろう．これより n 個の分子が，それぞれ $[a_i, b_i]$ に属する速度をもつ確率は密度関数を f で表すと，積

$$\prod_{i=1}^{n} \int_{a_i}^{b_i} f(x)\,dx$$

に等しいことになる．では無限個の分子の速度を与えるのは，この積を無限回にすればよいというわけにはいかない．というのも，1 より小さい数を無限回かけるとたいていの場合は 0 に収束してしまうから，慎重に考えなければならない．

位置に関する確率分布について考えてみよう．$\mathbb{R}$ 上に，一様に無限個の点があるような確率分布が平衡状態になるはずである．いきなり，$\mathbb{R}$ 全体を考えるのは無理そうなので，とりあえず区間 $[0,1]$ で考えよう．理想気体の分子は長さをもたないので，この区間の中に無限個入ってしまうこともできる．

長さの小さな区間に分子が入る確率を区間の長さ Δ に比例して，概ね $\lambda\Delta$ としよう．区間は十分小さいとして，2 個入る確率はほぼ 0 と考えられる．そうすると，その区間に分子のない確率は概ね $1 - \lambda\Delta$ となる．さらに，交わらない区間の分子たちの配置は互いに独立とみなせる．それでは，区間を N 個に等分してみよう．このとき，全体で分子が n 個ある確率は概ね

$$\binom{N}{n} \left(\frac{\lambda}{N}\right)^n \left(1 - \frac{\lambda}{N}\right)^{N-n}$$

になる．ここで，$N \to \infty$ ととると，その極限は，スターリングの公式

$$N! \sim N^N e^{-N} \sqrt{2\pi N}$$

と e の定義式

$$\lim_{n \to \infty} \left(1 + \frac{1}{n}\right)^n = e$$

を用いると

$$\frac{N!}{(N-n)!n!}\left(\frac{\lambda}{N}\right)^n\left(1-\frac{\lambda}{N}\right)^{N-n}$$
$$\sim \frac{N^N e^{-N}\sqrt{2\pi N}}{(N-n)^{N-n}e^{-N+n}\sqrt{2\pi(N-n)}}\frac{1}{n!}\left(\frac{\lambda}{N}\right)^n\left(1-\frac{\lambda}{N}\right)^N\left(1-\frac{\lambda}{N}\right)^{-n}$$
$$\sim \left(\frac{N-n}{N}\right)^n\left(\frac{N}{N-n}\right)^N e^{-n}\sqrt{\frac{N}{N-n}}\frac{\lambda^n}{n!}\left(1-\frac{\lambda}{N}\right)^N\left(1-\frac{\lambda}{N}\right)^{-n}$$
$$\to e^{-\lambda}\frac{\lambda^n}{n!}$$

になる．この確率分布は強度 λ のポアソン分布といわれる．区間 $[0,2]$ に分子が n 個ある確率は，同じように計算すれば

$$e^{-2\lambda}\frac{(2\lambda)^n}{n!}$$

に等しいことがわかる．区間 $[0,2]$ に n 個入っているということは，$[0,1]$ に k 個，$[1,2]$ に $n-k$ 個入っている確率を k についてたし合わせればよいはずで

$$\sum_{k=0}^{n} e^{-\lambda}\frac{\lambda^k}{k!}e^{-\lambda}\frac{\lambda^{n-k}}{(n-k)!} = e^{-2\lambda}\frac{(2\lambda)^n}{n!}$$

となって，互いに交わらない区間の配置は独立であることがわかる．

1.4.2 運動の存在

位置がポアソン分布，速度が正規分布の初期配置としたら，時間の発展に伴う質点の運動は記述できるのかを考えてみよう．初期状態が $\{(q_i,p_i)\}_i$ ならば，理想気体は速度を変えることはないし，衝突した場合にも弾性衝突をするとみるよりも，突き抜けてしまったとみなしたほうが簡単である．そう思えば，時刻 t 後には $\{(q_i+p_it,p_i)\}_i$ にいることになる．そうなれば，何も考える必要はないではないかと思うだろうが，例えば時刻 t までの区間 $[0,1]$ にいる分子を記述しようと思っても，遠くにとても速い分子があれば，区間 $[0,1]$ に入ってきてしまうことになり，結局無限個の分子すべてを考えなければならないことに注

意しよう．分子の速度の分布が決まっているのだから，そんなに速い分子はあるはずがないと思う人もいるだろう．しかし，M を適当な定数として，

$$r_M = \int_M^\infty \frac{1}{\sqrt{2\pi v}} e^{-x^2/2v} dx$$

とおくと，正規分布は正と負で対称だから，速度の絶対値がすべて M 以下である確率は

$$(1 - 2r_M)^N$$

となる．いくら M を大きくとっても $N \to \infty$ ととれば，上の確率は 0，つまりどんなに速い分子も必ず存在することになる．さて，困ったことになった．

ここで，確率論の準備をしよう．

定理 1.1（ボレル・カンテリの定理）$\{A_n\}_{n=1}^\infty$ を事象とする．

$$\sum_{n=1}^\infty P(A_n) < \infty$$

ならば

$$P\Big(\lim_{n\to\infty} \bigcup_{k\geq n} A_k\Big) = 0 \quad \text{かつ} \quad P\Big(\lim_{n\to\infty} \bigcap_{k\geq n} A_k^c\Big) = 1$$

証明． 事象 $\{A_n\}_{n=1}^\infty$ は互いに交わりをもつ場合もあるので

$$P\Big(\bigcup_{k\geq n} A_k\Big) \leq \sum_{k=n}^\infty P(A_k)$$

したがって，$\cup_{k\geq n} A_k$ が n について単調増加であることを用いると

$$P\Big(\lim_{n\to\infty} \bigcup_{k\geq n} A_k\Big) = \lim_{n\to\infty} P\Big(\bigcup_{k\geq n} A_k\Big) \leq \lim_{n\to\infty} \sum_{k=n}^\infty P(A_k)$$

となり，右辺は仮定より 0 に収束する．

$$\bigcap_{k\geq n} A_k^c = \Big(\bigcup_{k\geq n} A_k\Big)^c$$

より他方も導ける． □

$\lim_{n\to\infty} \bigcup_{k\geq n} A_k = \limsup_{n\to\infty} A_n$, $\lim_{n\to\infty} \bigcap_{k\geq n} A_k^c = \liminf_{n\to\infty} A_n^c$ と

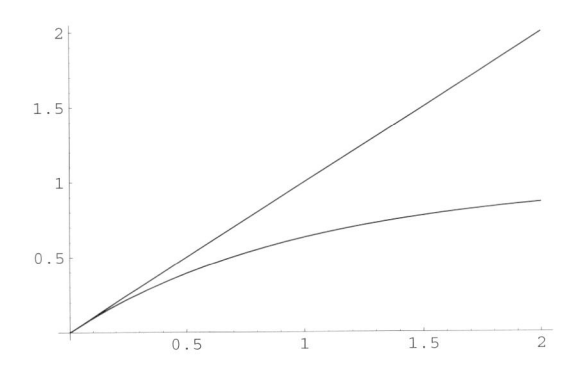

図 **1.9** $1-e^{-x}$ と x のグラフ

表す．これについて説明をしておこう．前者では n が増加すると，上限をとる範囲 $\{k: k \geq n\}$ が減少していくので，n について集合は単調減少であり，同様に後者では単調増加であるので，どちらも極限が存在する．さらに，$\limsup_{n\to\infty} A_n$ に属する点は，すべての n について，それより大きな k があって，A_k に属していることになる．もう少し，砕いていえば何度でも A_n に属する点全体が $\limsup_{n\to\infty} A_n$ になる．定理の仮定をみたすとこの集合の確率が 0 に等しいということは，有限回しか A_n に属さない点がほとんどだということになる．

さて，理想気体の話に戻ろう．A_n で区間 $[-n-1, -n)$ に速度が n 以上の分子が存在する事象としよう．全部の分子の速度が n 以下である場合の補集合を考えればよいので，r_n で分子が速度 n 以上である確率を表すと，図 1.9 のように

$$1 - e^{-x} \leq x \qquad (x \geq 0)$$

を用いると

$$\begin{aligned}
P(A_n) &= \sum_{r=0}^{\infty} e^{-\lambda} \frac{\lambda^r}{r!}(1-(1-r_n)^r) \\
&= 1 - e^{-\lambda} \sum_{r=0}^{\infty} \frac{(\lambda(1-r_n))^r}{r!} = 1 - e^{-\lambda r_n} \\
&\leq \lambda r_n
\end{aligned}$$

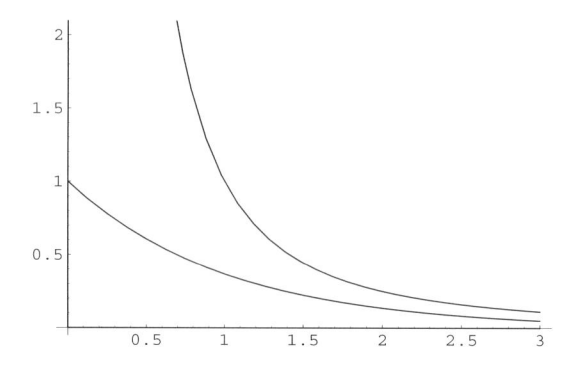

図 **1.10** e^{-x} と $\frac{1}{x^2}$ のグラフ

となる．r_n を評価しよう．図 1.10 より，

$$e^{-x} < \frac{1}{x^2} \qquad (x > 0)$$

であるから

$$\begin{aligned}
r_n &= \frac{1}{\sqrt{2\pi v}} \int_n^\infty e^{-x^2/2v}\,dx \\
&= \frac{1}{\sqrt{2\pi}} \int_{n\sqrt{v}}^\infty e^{-t^2/2}\,dt \\
&\leq \frac{1}{\sqrt{2\pi}} \int_{n\sqrt{v}}^\infty \frac{4}{t^4}\,dt \\
&= \frac{1}{\sqrt{2\pi}} \left[-\frac{4}{3}t^{-3}\right]_{n/\sqrt{v}}^\infty = \frac{4}{3\sqrt{2\pi}} \frac{v^{3/2}}{n^3}
\end{aligned}$$

ずいぶん，粗っぽい評価だが，$\sum_{n=1}^\infty \frac{1}{n^3}$ は存在することから

$$\sum_{n=1}^\infty P(A_n) < \infty$$

であることを導くことができる．したがって，ボレル・カンテリの定理から，ほとんどの場合に有限個の A_n にしか属さないことがわかる．したがって，初期状態を 1 つ選べば，確率 1 である番号 n があって，$k \geq n$ では A_k に属さない

ことになる．A_k に属するということは時刻 1 までに区間 $[0,1]$ に達する分子があるということである．したがって，今示したことから，ある番号 $-n$ より遠くには時刻 1 までに区間 $[0,1]$ に達する点は確率 1 で起きないということである．同じように正の方向でもいえるから，初期状態は確率 1 で，時刻 1 までに区間 $[0,1]$ に達する分子の存在する範囲は下図のように有界な区間内にあることがわかる．その外側にある分子の運動は無視してよいわけであるし，有界な

$\cdots A_n^c \qquad\qquad 0 \qquad 1 \qquad\qquad A_{n'}^c \cdots$

区間内の分子の運動を調べるのは難しくはないから，区間 $[0,1]$ 内を移動する分子の時刻 1 までの運動は記述できたことになった．区間を $[0,1]$ や時刻を 1 までに限定したのは単に技術的なことだから，有限な時間内の有界な区間における運動は同様に，確率 1 で有限個の分子の運動を観察することで得られることがわかった．

　ここで考察したのは理想気体の場合だから，何か無駄なことをしているんではないかと思う方もいるだろうが，一般的に相互作用のある分子の運動や，分子に大きさがある場合には，分子の運動は理想気体と違って，記述することは容易ではない．しかし，分子間の相互作用が有限の範囲にしか及ばない場合（分子に大きさがあり，相互作用は反射のみを考える場合はこれに含まれる）には，同じような議論で，確率 1 で有限の範囲だけを考えればよいことが示せる．有限個の分子の運動なら，少なくとも原理的には解くことができるから，運動の記述が可能になるというわけである．実際にはかなり面倒な議論をしなくてはならない．1 次元の棒の時間発展についてはシナイ (Sinai) の論文 Ergodic Properties of a Gas of one-dimensional Hard Rods with an infinite number of degrees of freedom, Funct. Anal. and Priloz., 61 ((1972), N1), 41-50 に，また滑らかなポテンシャルの場合に関してはランフォード (Lanford) の論文 Time evolution of Large Classical Systems, Lect. Notes in Phys. vol. 38, Springer, Berlin (1975) に詳細が載っているので，詳しく知りたい読者は参照してほしい．

1.4.3　理想気体の平衡状態

　相空間 Ω 内の点 $\omega \in \Omega$ を，時刻 $t=0$ のときの初期位置とする．このときの時刻 t での位置を $\omega(t) \in \Omega$ と表し，$\{\omega(t): t \in \mathbb{R}\}$ を軌道と表す．$\{\omega(t): t \geq 0\}$ が未来の軌道，$\{\omega(t): t \leq 0\}$ が過去の軌道に対応している．この $\omega(t)$ のみたす微分方程式が運動方程式だったわけである．

　視点を変えて，時間発展を Ω からそれ自身への写像とみなしてみよう．つまり，時刻 0 で $\omega \in \Omega$ にあるとき，時刻 t での位置を作用素 T_t を用いて，$\omega(t) = T_t(\omega)$ と表そうというわけである．何も新しいことが現れるわけではないが，視点を変えるということは重要である．前項の運動の構成では $V \subset \mathbb{R}$ の有界区間の分子のみが運動し，後は初期状態のまま留まっている運動に対応する作用素を T_t^V とすると，任意の有界集合 A について運動を A に制限すると

$$(\lim_{V \to \mathbb{R}} T_t^V \omega)|_A = (T_t \omega)|_A$$

が成り立つことを示している．

　ポアソン分布と正規分布で与えられる状態 P が平衡状態であることを示そう．このとき，時刻 t での状態を P_t で表すと任意の集合 A について，$T_{-t}(A)$ は時間が t 経過すると A に属する点の集合を表しているから，

$$P_t(A) = P(T_{-t}(A))$$

で与えられる．P が平衡状態であるとは

$$P_t(A) = P(A)$$

がすべての A について成り立つことである．数学では不変確率であるという．一般の場合に示すのは煩雑なだけだから，ごく単純な場合についてのみ示しておこう．位置 (a,b) の中の 1 つの分子のモーメントが (c,d) 内にあるという集合を A で表し，その確率を計算してみよう．時刻 0 では，1 番目の分子のモーメントが c から d にある確率の n 倍ということで

$$P(A) = \sum_{n=1}^{\infty} e^{-\lambda(b-a)} \frac{(\lambda(b-a))^n}{n!} \int_c^d \frac{1}{\sqrt{2\pi v}} e^{-x^2/2v} \, dx$$

$$\times \left(\int_{-\infty}^{\infty} \frac{1}{\sqrt{2\pi v}} e^{-x^2/2v} \, dx \right)^{n-1} \times n$$
$$= \lambda(b-a) \int_c^d \frac{1}{\sqrt{2\pi v}} e^{-x^2/2v} \, dx$$

となる．一方，T_{-t} を考えるには，モーメント p をもつものは時間が t 経過すると $\frac{p}{m}t$ 移動することに注意して積分の定義から思い起こそう．区間 (a,b) を交わらない小区間 $\{\Delta_i\}$ に分け，同時に区間 (c,d) も交わらない小区間 $\{\Delta'_j\}_j$ に分ける．このとき，

$$\begin{aligned}
P_t(A) &= \int_c^d dp \int_{a-pt/m}^{b-pt/m} dq \times (q,p) \text{ に分子がある密度} \\
&= \sum_i \sum_j \lambda \Delta_i \int_{\Delta'_j} \frac{1}{\sqrt{2\pi v}} e^{-x^2/2v} \, dx \\
&= \lambda(b-a) \int_c^d \frac{1}{\sqrt{2\pi v}} e^{-x^2/2v} \, dx = P(A)
\end{aligned}$$

と P が平衡状態であることが示せた．

1.5 ボルツマン方程式

統計力学の時間発展を考えるときに，もっとも困難な命題は時間に関する反転である．古典力学を基礎に考える限り，時間を逆転させてもまったく同じ運動をすることがわかる．実際，$\omega(t)$ を運動方程式

$$m\omega''(t) = F(\omega(t))$$

の解とするならば，時間を逆転させた $\hat{\omega}(t) = \omega(-t)$ は

$$\begin{aligned}
\hat{\omega}'(t) &= (\omega(-t))' = -\omega'(-t) \\
\hat{\omega}''(t) &= \left(-\omega'(-t)\right)' = \omega''(-t)
\end{aligned}$$

したがって

$$m\hat{\omega}''(t) = m\omega''(-t) = F(\omega(-t)) = F(\hat{\omega}(t))$$

となり，$\hat{\omega}(t)$ も $t=0$ で同じ初期条件をもつ解になる．

　しかし，私たちの目にする統計力学に対応するような多数の分子の運動は，非可逆なものが数多くある．熱は熱いほうから冷たいほうへ流れ，分子が多数集まっているところがあれば，それは均等な状況へと進む．実際，コップの中の水の一部が沸騰し，残りが凍り付くなんてことが起こるとは想像だにできない．

　それに対する解答として，統計力学的な状態というのは確率測度なのだから，分子の運動ではなく確率測度の時間発展を考えるべきであるというのがある．初期状態を表す確率測度を P，分子の時間発展を T_t とすると，時刻 t での状態を表す確率測度は

$$P_t = P \circ T_{-t}$$

より具体的には，事象 A について

$$P_t(A) = P(T_{-t}(A))$$

で定義される．しかし，想像に難くないように，T_t が時間の逆転ができるのだから P_t も時間の逆転ができることが示されてしまうことになる．

　この難題に1つの解答を与えるのが，ここで考えるボルツマン方程式である．この方程式は分子のみたすべき方程式を与え，さらにその時間発展は逆転できないことがわかる．完璧な解のようにみえるが，疑問を1つ増やすだけと言えるのかもしれない．

　この方程式は，1872年にルードヴィッヒ ボルツマン (Ludwig Boltzmann) が提唱したものであるが，解の存在すら完全には与えられていないのが実情である．また，この方程式の導出にはさまざまな批判があることも事実である．実際，ボルツマン自身はこの論争に疲れ果てたせいか，自殺をしてしまっている．そうはいうものの，気体分子の運動を記述し，時間の反転に関する議論に一石を投じたことは事実である．オリジナルの論文の翻訳が東海大学出版会，物理学古典論文叢書の中の「気体分子運動論」にある．

　基本的なアイディアは有界集合 V を考え，その中の分子の運動を考える．分子の半径を d とする．分子間の相互作用は弾性衝突だけとする．有界集合内には分子は有限個しかないので，運動の記述は可能である．そこで，分子の半径

d を 0 に，同時に分子の数 n を無限大にバランスをとりながら近付けていけば，理想的な分子の運動のモデルが作れるというわけである．このような極限の取り方は，ボールの数を増やしながら，同時に半径を小さくしていくことで，離散的なボールの運動から，連続的な流体の運動を導くのと同じ考え方なので，流体力学的極限と言われる．次の章以降では，V を大きくしていく熱力学極限を考えるが，巨視的な運動を微視的な視点から構成していく方法の 1 つである．

$V \subset \mathbb{R}^3$ を有界領域とし，その中に分子が n 個ある場合を考えよう．時刻 0 において，空間 $V \times \mathbb{R}^3$ 内の分子は密度関数 $f(\boldsymbol{q}, \boldsymbol{p})$ (p.205) で与えられるとしよう．この密度関数の時間発展のみたす方程式を流体力学的極限により構成しようというわけである．

相空間 $(V \times \mathbb{R}^3)^n$ 上の初期状態（確率測度）を P とすると，$A \subset V \times \mathbb{R}^3$ にある分子が r 個である確率は

$$\frac{1}{r!(n-r)!} P(\underbrace{A \cdots A}_{r \text{ 回}} \times \underbrace{A^c \cdots A^c}_{(n-r) \text{ 回}}) = \frac{1}{n!} \binom{n}{r} P(\underbrace{A \cdots A}_{r \text{ 回}} \times \underbrace{A^c \cdots A^c}_{(n-r) \text{ 回}})$$

で与えられる．一方，A にある分子の平均個数は

$$\int_A f(\boldsymbol{q}, \boldsymbol{p}) \, d\boldsymbol{q} d\boldsymbol{p} \times n$$

で与えられる．したがって A にある分子の平均個数の間には

$$n \times \int_A f(\boldsymbol{q}, \boldsymbol{p}) \, d\boldsymbol{q} d\boldsymbol{p} = \sum_{r=0}^{n} \frac{r}{n!} \binom{n}{r} P(\underbrace{A \cdots A}_{r \text{ 回}} \times \underbrace{A^c \cdots A^c}_{(n-r) \text{ 回}})$$

が成り立つ．これより相空間内の時刻 t での状態 P_t または時間発展を表す作用素 T_t を用いると，時刻 t において A にいる分子の個数は

$$\sum_{r=0}^{n} \frac{r}{n!} \binom{n}{r} P_t(\underbrace{A \cdots A}_{r \text{ 回}} \times \underbrace{A^c \cdots A^c}_{(n-r) \text{ 回}})$$

$$= \sum_{r=0}^{n} \frac{r}{n!} \binom{n}{r} P(T_{-t}(\underbrace{A \cdots A}_{r \text{ 回}} \times \underbrace{A^c \cdots A^c}_{(n-r) \text{ 回}}))$$

で与えられるが，これを

$$n \times \int_A f_t(\boldsymbol{q}, \boldsymbol{p}) \, d\boldsymbol{q} d\boldsymbol{p}$$

と表す関数 f_t は時刻 t における密度を表す．この f_t がみたす方程式を導こうというわけである．

以下，簡単のために分子の質量は 1 として議論することにする．空間 $V \times \mathbb{R}^3$ を有限個の集合 $\Delta_1, \ldots, \Delta_m$ に分けよう．各々は全体からみれば十分に小さいが，局所的にみれば十分大きいとする．数学的にはあいまいな表現であるが，Δ_i 内には十分たくさんの分子がいると考えるわけである．つまり，$n_i(\boldsymbol{q}, \boldsymbol{p})$ で，相点 $(\boldsymbol{q}, \boldsymbol{p})$ の中で Δ_i 内にある分子の数とすると，Δ_i は局所的には十分に大きいので $n_i(\boldsymbol{q}, \boldsymbol{p})$ は十分に大きく，一方で巨視的には十分小さいので $\frac{n_i(\boldsymbol{q}, \boldsymbol{p})}{n}$ は大数の法則（定理 6.3）により $f(\boldsymbol{q}, \boldsymbol{p})$ $((\boldsymbol{q}, \boldsymbol{p}) \in \Delta_i)$ に近いと考えることができるというわけである．時間発展を考えて，時刻 t での位置を考えると，

$$\frac{n_i(T_t(\boldsymbol{q}, \boldsymbol{p}))}{n}$$

は時刻 t における密度 f_t に近いとみなせることになる．

ほんのわずかな時間 Δt の間に f_t を変化させるのは，速度に起因する滑らかな運動による変化と衝突による急激な変化に分けられる．さらに衝突による変化はその位置に衝突によって入ってくるものと，出て行くものとの影響 2 つに分けられる．

速度に起因する小さな領域における変化を考えよう．速度は変化しないので，この領域入ってくる分子とでて行く分子の差を考えればよいことになる．話を簡単にするため，1 次元の運動の場合を考えよう．速度が p のとき，小区間 $(q, q + \Delta x)$ にわずかな時間 Δt の間に入ってくる分子の割合は $f(q, p) p \Delta t$，出て行く分子の割合は $f(q + \Delta x, p) p \Delta t$ だから差し引き

$$\{f(q, p) - f(q + \Delta x, p)\} p \Delta t = -p \left(\frac{\partial}{\partial q} f(q, p) + o(\Delta x) \right) \Delta t \Delta x$$

これから単位時間あたりの密度の変化は

$$-p \frac{\partial}{\partial q} f(q, p)$$

であることがわかる．実際には 3 次元だから，密度の変化に対する速度に起因する変化は内積を用いて

$$-\left(\boldsymbol{p}, \frac{\partial}{\partial \boldsymbol{q}} f(\boldsymbol{q}, \boldsymbol{p}) \right)$$

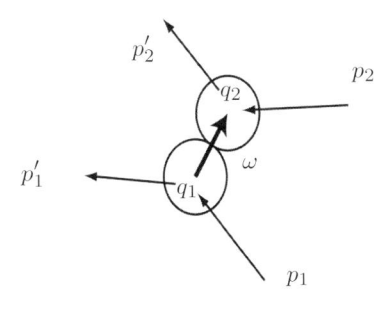

図 1.11 衝突

を得る．ここで $\boldsymbol{q} = (x, y, z)$ とすると

$$\frac{\partial}{\partial \boldsymbol{q}} = \begin{pmatrix} \frac{\partial}{\partial x} \\ \frac{\partial}{\partial y} \\ \frac{\partial}{\partial z} \end{pmatrix}$$

を表す．

 一方，衝突による項はモーメントの保存則とエネルギーの保存則により，衝突前のモーメント $\boldsymbol{p}_1, \boldsymbol{p}_2$ と衝突後のモーメント $\boldsymbol{p}'_1, \boldsymbol{p}'_2$ の間には

$$\begin{aligned} \boldsymbol{p}_1 + \boldsymbol{p}_2 &= \boldsymbol{p}'_1 + \boldsymbol{p}'_2 \\ (\boldsymbol{p}_1, \boldsymbol{p}_1) + (\boldsymbol{p}_2, \boldsymbol{p}_2) &= (\boldsymbol{p}'_1, \boldsymbol{p}'_1) + (\boldsymbol{p}'_2, \boldsymbol{p}'_2) \end{aligned}$$

が成り立つ（図 1.11）．衝突時の $\boldsymbol{q}_2 - \boldsymbol{q}_1$ の方向の単位ベクトルを $\boldsymbol{\omega}$ で表すと，衝突をするためには，内積

$$(\boldsymbol{\omega}, \boldsymbol{p}_1 - \boldsymbol{p}_2) \geq 0$$

をみたさなければならない．ポテンシャル保存則とエネルギー保存則は

$$\begin{aligned} \boldsymbol{p}_1' &= \boldsymbol{p}_1 - (\boldsymbol{\omega}, \boldsymbol{p}_1 - \boldsymbol{p}_2)\boldsymbol{\omega} \\ \boldsymbol{p}_2' &= \boldsymbol{p}_2 + (\boldsymbol{\omega}, \boldsymbol{p}_1 - \boldsymbol{p}_2)\boldsymbol{\omega} \end{aligned} \tag{1.1}$$

と表されることになる．

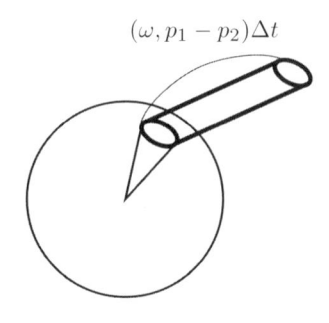

図 **1.12** 分子の衝突

分子が衝突する状態を考えよう．図 1.11 のように，位置 q_1 にモーメント p_1 をもつ分子がいるとき，方向 $\Delta\omega$ の範囲でモーメント p_2 をもつ分子と時刻 Δt の間に衝突するのは $p_2 - p_1$ 方向から来たものと分子の表面でぶつかることになるので，斜めの円筒部分にもう 1 つの分子があることになる．この体積は

$$d^2 |\Delta\omega| (p_1 - p_2, \omega) \Delta t$$

である（図 1.12）．ここで $|\Delta\omega|$ は分子の表面の $\Delta\omega$ 方向の面積である．

重要な仮定をおくことにしよう．

仮定． モーメント $(p_2, p_2 + \Delta p_2)$ の範囲にいる分子が上の筒にいる（すなわち，q にいるモーメント p_1 をもつ分子と $\Delta\omega$ 方向で衝突する）数は，

$$筒の体積 \times n \times f(q, p_2) \Delta p_2$$

に等しい．

これから導くボルツマン方程式は時間について非可逆なのだが，それはこの仮定からでてくる．空間について均一であるという自然な仮定のようにも見えるが，議論の分かれるところで，歴史的にも激しい論争のもととなった．

この仮定を認めると，位置 $(q, q + \Delta q)$，モーメント $(p_1, p_1 + \Delta p_1)$ から逃げていく分子の数は

$$\Delta q \Delta p_1 \text{ にいる分子の数} \times \sum_{\Delta\omega} \text{衝突する筒の体積} \times \text{筒の中にいる分子の数}$$

$$= f(\boldsymbol{q},\boldsymbol{p}_1)\,\Delta\boldsymbol{q}\Delta\boldsymbol{p}_1 \sum_{\Delta\boldsymbol{\omega}} d^2 \Delta\boldsymbol{\omega}\,(\boldsymbol{\omega},\boldsymbol{p}_1-\boldsymbol{p}_2)\,\Delta t\, n\, f(\boldsymbol{q},\boldsymbol{p}_2)\Delta\boldsymbol{p}_2$$

ここで $\Delta\boldsymbol{\omega}$ に関する和は単位球の表面の分割で，その方向で分子が衝突するものについてとる．これより，$\Delta\boldsymbol{\omega}$ と $\Delta\boldsymbol{p}_2$ を小さくしていくことで積分に変えて，分子が出て行くことによる密度の変化は時間あたり

$$nd^2 \times f(\boldsymbol{q},\boldsymbol{p}_1) \int_{(\boldsymbol{\omega},\boldsymbol{p}_1-\boldsymbol{p}_2)\geq 0} (\boldsymbol{\omega},\boldsymbol{p}_1-\boldsymbol{p}_2)\, f(\boldsymbol{q},\boldsymbol{p}_2)\, d\boldsymbol{\omega} d\boldsymbol{p}_2$$

となる．同じように入ってくる分子について考えてみよう．入ってくるモーメントが $\boldsymbol{p}'_1$ と $\boldsymbol{p}'_2$ の分子が角度 $\boldsymbol{\omega}$ で衝突して，モーメント $\boldsymbol{p}_1$ と $\boldsymbol{p}_2$ が出て行くのだから，衝突の条件は

$$(\boldsymbol{\omega},\boldsymbol{p}'_1-\boldsymbol{p}'_2)\geq 0$$

であるが，(1.1) に注意すれば

$$(\boldsymbol{\omega},\boldsymbol{p}_1-\boldsymbol{p}_2)=-(\boldsymbol{\omega},\boldsymbol{p}'_1-\boldsymbol{p}'_2)\leq 0$$

になる．さらに面積保存を考えれば $\Delta\boldsymbol{p}_1\Delta\boldsymbol{p}_2=\Delta\boldsymbol{p}'_1\Delta\boldsymbol{p}'_2$ に注意すると，入ってくることによる密度の変化は時間あたり

$$nd^2 \times f(\boldsymbol{q},\boldsymbol{p}'_1) \int_{(\boldsymbol{\omega},\boldsymbol{p}_1-\boldsymbol{p}_2)\leq 0} (\boldsymbol{\omega},\boldsymbol{p}'_1-\boldsymbol{p}'_2)\, f(\boldsymbol{q},\boldsymbol{p}'_2)\, d\boldsymbol{\omega} d\boldsymbol{p}_2$$

であるので，$\boldsymbol{\omega}$ を $-\boldsymbol{\omega}$ に取り替えると，上の式の後半は

$$\int_{(\boldsymbol{\omega},\boldsymbol{p}_1-\boldsymbol{p}_2)\geq 0} (\boldsymbol{\omega},\boldsymbol{p}_1-\boldsymbol{p}_2)\, f(\boldsymbol{q},\boldsymbol{p}_2)\, d\boldsymbol{\omega} d\boldsymbol{p}_2$$

に等しくなる．

これらをすべてたし合わせることで，ボルツマン方程式を得る．

$$\begin{aligned}\frac{\partial}{\partial t} f_t(\boldsymbol{q}_1,\boldsymbol{p}_1) =& -\left(\boldsymbol{p}_1, \frac{\partial}{\partial \boldsymbol{q}_1} f_t(\boldsymbol{q}_1,\boldsymbol{p}_1)\right) \\ &+ nd^2 \int_{(\boldsymbol{\omega},\boldsymbol{p}_1-\boldsymbol{p}_2)\geq 0} (\boldsymbol{p}_1-\boldsymbol{p}_2,\boldsymbol{\omega}) \\ & \times \big(f_t(\boldsymbol{q}_1,\boldsymbol{p}'_1) f_t(\boldsymbol{q}_1,\boldsymbol{p}'_2) - f_t(\boldsymbol{q}_1,\boldsymbol{p}_1) f_t(\boldsymbol{q}_1,\boldsymbol{p}_2)\big)\, d\boldsymbol{\omega} d\boldsymbol{p}_2\end{aligned} \quad (1.2)$$

最終的には nd^2 を一定に保ったまま $n\to\infty$ かつ $d\to 0$ にとったものをボルツマン方程式という．ここでも問題が1つでてくる．分子の総体積は nd^3 に比例するから，この極限の取り方では，分子の占める体積は0に収束してしまう．無限の場合を有限の場合の近似と考えるならば，非常に希薄な気体分子の運動を与えていることになってしまう．いかにも不自然に思える極限の取り方だが，分子1つあたりの運動と直角方向の面積は πd^2 であるので，

$$\pi d^2 \lambda \times n = |V|$$

をみたす λ は分子が衝突せずに動ける筒の長さとみなせないこともないので，平均自由行程とよばれる．したがって，nd^2 を一定に保った極限は平均自由行程を一定に保った極限とみなすことができることになる．

V の境界の話は面倒なので，ここで1つ準備をしておこう．

補題 1.1 g と h を $V\times\mathbb{R}^3$ の上の滑らかな関数とする．このとき，

$$\int_{V\times\mathbb{R}^3}\left(h(\boldsymbol{p}), \frac{\partial}{\partial \boldsymbol{q}}g(\boldsymbol{q},\boldsymbol{p})\right)d\boldsymbol{q}d\boldsymbol{p} = 0$$

さらに $\boldsymbol{p}$ の長さが $\pm\infty$ に発散するとき $g(\boldsymbol{q},\boldsymbol{p})\to 0$ が成り立つならば

$$\int_{V\times\mathbb{R}^3}\left(h(\boldsymbol{q}), \frac{\partial}{\partial \boldsymbol{p}}g(\boldsymbol{q},\boldsymbol{p})\right)d\boldsymbol{q}d\boldsymbol{p} = 0$$

証明. 簡単のため，$h(\boldsymbol{p})\equiv\boldsymbol{p}$ のときを示そう．

$$\int_{V\times\mathbb{R}^3}\left(\boldsymbol{p}, \frac{\partial}{\partial \boldsymbol{q}}g(\boldsymbol{q},\boldsymbol{p})\right)d\boldsymbol{q}d\boldsymbol{p} = \int_{\mathbb{R}^3}d\boldsymbol{p}\int_{\partial V}(\boldsymbol{p},\boldsymbol{n}(\boldsymbol{q}))g(\boldsymbol{q},\boldsymbol{p})\,d\sigma(\boldsymbol{q})$$

ここで ∂V は V の境界，$\sigma(\boldsymbol{q})$ は位置 $\boldsymbol{q}\in\partial V$ における ∂V の面積で，$\boldsymbol{n}(\boldsymbol{q})$ は $\boldsymbol{q}$ における ∂V の外向きの単位法線ベクトルである．∂V で弾性衝突をするので，衝突後のモーメントを $\boldsymbol{p}'$ とすれば，

$$(\boldsymbol{n}(\boldsymbol{q}),\boldsymbol{p}) = -(\boldsymbol{n}(\boldsymbol{q}),\boldsymbol{p}')$$

であることと，点 $(\boldsymbol{q},\boldsymbol{p})$ と $(\boldsymbol{q},\boldsymbol{p}')$ は同一視するので，そこでの g の値は一致する．したがって，衝突前と衝突後はキャンセルすることになって補題の前半が証明された．後者は $\boldsymbol{q}$ と $\boldsymbol{p}$ の役割を入れ替えただけである． $\square$

形式的ではあるが上のボルツマン方程式 (1.2) と補題 1.1 を用いると

$$\frac{d}{dt}\int f_t(\boldsymbol{q},\boldsymbol{p})\,d\boldsymbol{q}d\boldsymbol{p} = \int \frac{\partial}{\partial t}f_t(\boldsymbol{q},\boldsymbol{p})\,d\boldsymbol{q}d\boldsymbol{p} = 0$$

から

$$\int f_t(\boldsymbol{q},\boldsymbol{p})\,d\boldsymbol{q}d\boldsymbol{p} = 1$$

が直ちに導かれる．これは密度を全空間で積分すれば 1 になるという当たり前の結論である．もう 1 つ，導かれるのは

$$\int (\boldsymbol{p},\boldsymbol{p})f_t(\boldsymbol{q},\boldsymbol{p})\,d\boldsymbol{q}d\boldsymbol{p}$$

が一定であることである．これはエネルギー保存則に対応していることは明らかであろう．

このボルツマン方程式の解は時間について非可逆であることが次の定理からわかる．

定理 1.2（H 定理） 任意の正の関数 $f(\boldsymbol{q},\boldsymbol{p})$ について

$$H(f) = \int f(\boldsymbol{q},\boldsymbol{p})\log f(\boldsymbol{q},\boldsymbol{p})\,d\boldsymbol{q}d\boldsymbol{p}$$

とおくと，ボルツマン方程式の解 f_t は

$$\frac{d}{dt}H(f_t) \leq 0$$

をみたす．とくに

$$f(\boldsymbol{q},\boldsymbol{p}) = g(\boldsymbol{q})\exp[-\beta(\boldsymbol{p}-\boldsymbol{p}_0,\boldsymbol{p}-\boldsymbol{p}_0)] \tag{1.3}$$

でない限り，等号は成立しない．

定理の証明の前に，この定理について説明をしておこう．(1.3) が成り立つ密度関数はモーメントに関しては平均 $\boldsymbol{p}_0$ の正規分布であることを意味している．したがって，ある意味でモーメントの確率分布は正規分布に収束していることを示しているといえるだろう．

力学系の複雑さを表すエントロピーについての詳細は後述するが，$-H(f)$ はそのエントロピーとみなせる．この定理はエントロピー増大法則ともよばれ，非平衡状態から平衡状態へと時間の経過とともにエントロピーが増大していくことを示している．厳密にはエントロピーは平衡状態の場合にしか定義されていないので，議論をよぶところでもある．

証明． この証明は厳密に言えば，方程式の解の存在すら示していないのだから，形式的なものにとどまることになる．さらに議論が煩雑であるので，ここでは $H(f_t)$ が単調減少であることのみを示すことにしよう．

$\int f_t(\boldsymbol{q}, \boldsymbol{p})\, d\boldsymbol{q} d\boldsymbol{p} = 1$ だから，これを微分することで

$$\int \frac{\partial}{\partial t} f_t(\boldsymbol{q}, \boldsymbol{p})\, d\boldsymbol{q} d\boldsymbol{p} = 0$$

であることに注意すると

$$\begin{aligned}
\frac{d}{dt} H(f_t) &= \frac{d}{dt} \int f_t \log f_t \, d\boldsymbol{q} d\boldsymbol{p} \\
&= \int \left(\frac{\partial}{\partial t} f_t \right) \log f_t \, d\boldsymbol{q} d\boldsymbol{p} + \frac{d}{dt} \int f_t \, d\boldsymbol{q} d\boldsymbol{p} \\
&= \int \left(\frac{\partial}{\partial t} f_t \right) \log f_t \, d\boldsymbol{q} d\boldsymbol{p}
\end{aligned} \tag{1.4}$$

これにボルツマン方程式を代入すれば

$$\begin{aligned}
(1.4) &= \int \Bigg[-\left(\boldsymbol{p}_1, \frac{\partial}{\partial \boldsymbol{q}_1} f_t(\boldsymbol{q}_1, \boldsymbol{p}_1) \right) + nd^2 \!\!\int_{(\boldsymbol{\omega}, \boldsymbol{p}_1 - \boldsymbol{p}_2) \geq 0} (\boldsymbol{p}_1 - \boldsymbol{p}_2, \boldsymbol{\omega}) \\
&\quad \times \big(f_t(\boldsymbol{q}_1, \boldsymbol{p}_1') f_t(\boldsymbol{q}_1, \boldsymbol{p}_2') - f_t(\boldsymbol{q}_1, \boldsymbol{p}_1) f_t(\boldsymbol{q}_1, \boldsymbol{p}_2) \big)\, d\boldsymbol{\omega} d\boldsymbol{p}_2 \Bigg] \\
&\quad \log f_t(\boldsymbol{q}_1, \boldsymbol{p}_1)\, d\boldsymbol{q}_1 d\boldsymbol{p}_1
\end{aligned}$$

右辺の第 1 項は，簡単のため 1 次元とすると，

$$\begin{aligned}
&-\int \left(p_1 \frac{\partial}{\partial q_1} f_t(q_1, p_1) \right) \log f_t(q_1, p_1)\, dq_1 dp_1 \\
&= -\int p_1 \left[\int \left(\frac{\partial}{\partial q_1} f_t(q_1, p_1) \right) \log f_t(q_1, p_1)\, dq_1 \right] dp_1
\end{aligned}$$

この式の内側の積分に部分積分を用いると

$$
\int \left(\frac{\partial}{\partial q_1} f_t(q_1, p_1) \right) \log f_t(q_1, p_1) \, dq_1
$$
$$
= [f_t(q_1, p_1) \log f_t(q_1, p_1)] - \int f_t(q_1, p_1) \frac{1}{f_t(q_1, p_1)} \frac{\partial}{\partial q_1} f_t(q_1, p_1) \, dq_1
$$
$$
= [f_t(q_1, p_1) \log f_t(q_1, p_1) - f_t(q_1, p_1)]
$$

最後の式は q_1 の境界での値になる.q_1 が ∂V にあるときには,弾性衝突をするのでモーメント $+p_1$ で外側にぶつかると,それが反射して $-p_1$ になる.このことを考慮に入れれば,上の式を p_1 で積分をすると消えることがわかる.したがって,

$$
\begin{aligned}
\frac{d}{dt} H(f_t) &= nd^2 \int_{(\boldsymbol{\omega}, \boldsymbol{p}_1 - \boldsymbol{p}_2) \geq 0} (\boldsymbol{p}_1 - \boldsymbol{p}_2, \boldsymbol{\omega}) \\
&\quad \times \left(f_t(\boldsymbol{q}_1, \boldsymbol{p}_1') f_t(\boldsymbol{q}_1, \boldsymbol{p}_2') - f_t(\boldsymbol{q}_1, \boldsymbol{p}_1) f_t(\boldsymbol{q}_1, \boldsymbol{p}_2) \right) \\
&\quad \log f_t(\boldsymbol{q}_1, \boldsymbol{p}_1) \, d\boldsymbol{\omega} d\boldsymbol{q}_1 d\boldsymbol{p}_1 d\boldsymbol{p}_2
\end{aligned}
$$

ここで例えば最後の項を $\log f_t(\boldsymbol{q}_1, \boldsymbol{p}_1)$ を $\log f_t(\boldsymbol{q}_1, \boldsymbol{p}_1')$ に置き換えて,$d\boldsymbol{p}_1 d\boldsymbol{p}_2 = d\boldsymbol{p}_1' d\boldsymbol{p}_2'$ に注意すると

$$
\int_{(\boldsymbol{\omega}, \boldsymbol{p}_1 - \boldsymbol{p}_2) \geq 0} (\boldsymbol{p}_1 - \boldsymbol{p}_2, \boldsymbol{\omega}) \left(f_t(\boldsymbol{q}_1, \boldsymbol{p}_1') f_t(\boldsymbol{q}_1, \boldsymbol{p}_2') - f_t(\boldsymbol{q}_1, \boldsymbol{p}_1) f_t(\boldsymbol{q}_1, \boldsymbol{p}_2) \right)
$$
$$
\log f_t(\boldsymbol{q}_1, \boldsymbol{p}_1') \, d\boldsymbol{\omega} d\boldsymbol{q}_1 d\boldsymbol{p}_1 d\boldsymbol{p}_2
$$
$$
= -\int_{(\boldsymbol{\omega}, \boldsymbol{p}_1' - \boldsymbol{p}_2') \leq 0} (\boldsymbol{p}_1 - \boldsymbol{p}_2, \boldsymbol{\omega}) \left(f_t(\boldsymbol{q}_1, \boldsymbol{p}_1') f_t(\boldsymbol{q}_1, \boldsymbol{p}_2') - f_t(\boldsymbol{q}_1, \boldsymbol{p}_1) f_t(\boldsymbol{q}_1, \boldsymbol{p}_2) \right)
$$
$$
\log f_t(\boldsymbol{q}_1, \boldsymbol{p}_1') \, d\boldsymbol{\omega} d\boldsymbol{q}_1 d\boldsymbol{p}_1' d\boldsymbol{p}_2'
$$

ここで $\boldsymbol{\omega} = -\boldsymbol{\omega}$ として,$\boldsymbol{p}_1, \boldsymbol{p}_2$ と $\boldsymbol{p}_1', \boldsymbol{p}_2'$ を入れ替えると

$$
= \int_{(\boldsymbol{\omega}, \boldsymbol{p}_1 - \boldsymbol{p}_2) \geq 0} (\boldsymbol{p}_1 - \boldsymbol{p}_2, \boldsymbol{\omega}) \left(f_t(\boldsymbol{q}_1, \boldsymbol{p}_1) f_t(\boldsymbol{q}_1, \boldsymbol{p}_2) - f_t(\boldsymbol{q}_1, \boldsymbol{p}_1') f_t(\boldsymbol{q}_1, \boldsymbol{p}_2') \right)
$$
$$
\log f_t(\boldsymbol{q}_1, \boldsymbol{p}_1) \, d\boldsymbol{\omega} d\boldsymbol{q}_1 d\boldsymbol{p}_1 d\boldsymbol{p}_2
$$
$$
= -\frac{d}{dt} H(f_t)
$$

になる．$\log f_t(\boldsymbol{q}_1, \boldsymbol{p}_1)$ を $\log f_t(\boldsymbol{q}_1, \boldsymbol{p}_2)$ や $\log f_t(\boldsymbol{q}_1, \boldsymbol{p}'_2)$ に同様に置き換えることができる．これら4つの表現を加えて4で割れば

$$\begin{aligned}&\frac{d}{dt}H(f_t)\\&=\frac{nd^2}{4}\int_{(\boldsymbol{\omega},\boldsymbol{p}_1-\boldsymbol{p}_2)\geq 0}(\boldsymbol{p}_1-\boldsymbol{p}_2,\boldsymbol{\omega})\left(f_t(\boldsymbol{q}_1,\boldsymbol{p}'_1)f_t(\boldsymbol{q}_1,\boldsymbol{p}'_2)-f_t(\boldsymbol{q}_1,\boldsymbol{p}_1)f_t(\boldsymbol{q}_1,\boldsymbol{p}_2)\right)\\&\quad\times\left[\log(f_t(\boldsymbol{q}_1,\boldsymbol{p}_1)f_t(\boldsymbol{q}_1,\boldsymbol{p}_2))-\log(f_t(\boldsymbol{q}_1,\boldsymbol{p}'_1)f_t(\boldsymbol{q}_1,\boldsymbol{p}'_2))\right]d\boldsymbol{\omega}d\boldsymbol{q}_1 d\boldsymbol{p}_1 d\boldsymbol{p}_2\end{aligned}$$
(1.5)

対数は単調増加なので

$$(b-a)(\log a-\log b)\leq 0$$

であるから，(1.5) の右辺は負である．したがって，$H(f_t)$ は単調減少であることが示された．□

1.5.1 BBGKYヒエラルキー

　ヒエラルキーとは階層を意味する．分子の数が1つのときの様子を，分子の数が2個の方程式で表し，2個のときの方程式を，3個のときの方程式で表すというように階層的な方程式の集まりのことである．BBGKYとはこれを考察した Bogoliuhov, Born, Green, Kirkwood, Yvon（ボゴリューホフ，ボーン，グリーン，キルクウッド，イボン）の頭文字をとったものである．今までボールの衝突だけを考えてボルツマン方程式を考えてきたのに姿勢がぶれることになるが，再び，分子の質量は1として，今度は

$$\begin{aligned}\frac{d\boldsymbol{q}_i}{dt}&=\boldsymbol{p}_i\\\frac{d\boldsymbol{p}_i}{dt}&=\sum_{j\neq i}\frac{\partial}{\partial \boldsymbol{q}_i}U(\boldsymbol{q}_j-\boldsymbol{q}_i)\end{aligned}$$

となるポテンシャル U によって与えられる滑らかな古典力学系を考えよう．記号の省略のため，i 番目の分子の位置 $\boldsymbol{q}_i$ とモーメント $\boldsymbol{p}_i$ を1つにまとめて，

$\boldsymbol{x}_i = (\boldsymbol{q}_i, \boldsymbol{p}_i)$ とも表すことにする．P を相空間 $(V \times \mathbb{R}^3)^n$ の上の状態（確率測度）とし，さらに P が密度関数 $\rho(\boldsymbol{x}_1, \ldots, \boldsymbol{x}_n)$ をもつとしよう．ボルツマン方程式の場合の密度 f とは $V \times \mathbb{R}^3$ における分子の比率に関する密度であって，$A \subset V \times \mathbb{R}^3$ にある分子の数の平均は

$$n \times \int_A f(\boldsymbol{q}, \boldsymbol{p}) \, d\boldsymbol{q} d\boldsymbol{p}$$

で与えられるが，これを P の密度を用いると，分子には区別がないことから

$$\sum_{k=0}^n k \times \binom{n}{k} \underbrace{\int_A \cdots \int_A}_{k \text{ 回}} \underbrace{\int_{A^c} \cdots \int_{A^c}}_{(n-k) \text{ 回}} \rho(\boldsymbol{x}_1, \ldots, \boldsymbol{x}_n) \, d\boldsymbol{x}_1 \cdots d\boldsymbol{x}_n$$

となる．似たような概念だが異なるものであることに注意しておこう．

時刻 t での状態 $P_t = P \circ T_{-t}$ の密度関数 ρ_t は

$$\frac{\partial}{\partial t} \rho_t(\boldsymbol{x}_1, \ldots, \boldsymbol{x}_n) = -\sum_{i=1}^n \left\{ \left(\frac{d\boldsymbol{q}_i}{dt}, \frac{\partial \rho_t}{\partial \boldsymbol{q}_i} \right) + \left(\frac{d\boldsymbol{p}_i}{dt}, \frac{\partial \rho_t}{\partial \boldsymbol{p}_i} \right) \right\}$$

$$= -\sum_{i=1}^n \left\{ \left(\boldsymbol{p}_i, \frac{\partial \rho_t}{\partial \boldsymbol{q}_i} \right) + \left(\sum_{j \neq i} \frac{\partial}{\partial \boldsymbol{q}_i} U(\boldsymbol{q}_i - \boldsymbol{q}_j), \frac{\partial \rho_t}{\partial \boldsymbol{p}_i} \right) \right\}$$

右辺を $H_n \rho_t$ で表し，H_n をリューヴィル作用素 (Liouville) という．具体的に表せば

$$H_n f(\boldsymbol{x}_1, \ldots, \boldsymbol{x}_n)$$
$$= -\sum_{i=1}^n \left\{ \left(\boldsymbol{p}_i, \frac{\partial f}{\partial \boldsymbol{q}_i} \right) + \left(\sum_{j : j \neq i} \frac{\partial}{\partial \boldsymbol{q}_i} U(\boldsymbol{q}_i - \boldsymbol{q}_j), \frac{\partial f}{\partial \boldsymbol{p}_i} \right) \right\} (\boldsymbol{x}_1, \ldots, \boldsymbol{x}_n)$$

である．

$\Delta \subset V \times \mathbb{R}^3$ について

$$\int_\Delta d\boldsymbol{x}_1 \int_{(V \times \mathbb{R}^3)^{n-1}} \rho_t(\boldsymbol{x}_1, \ldots, \boldsymbol{x}_n) d\boldsymbol{x}_2 \cdots d\boldsymbol{x}_n$$

は番号 1 の分子が時刻 t に Δ に入っている確率を与える．どの分子が Δ に入る確率も等しいので，分子間の相互作用を無視すれば，上の n 倍が時刻 t に Δ

にある分子の数 n_Δ の平均に等しいと考えられる．そこで

$$r_1(t, \bm{x}_1) = n \int_{(V \times \mathbb{R}^3)^{n-1}} \rho_t(\bm{x}_1, \ldots, \bm{x}_n) \, d\bm{x}_2 \cdots d\bm{x}_n$$

とおいて

$$\int_\Delta r_1(t, \bm{x}_1) \, d\bm{x}_1$$

を考えれば，これは n_Δ の平均とみなせる．同様に

$$r_j(t, \bm{x}_1, \ldots, \bm{x}_j) = \frac{n!}{(n-j)!} \int_{(V \times \mathbb{R}^3)^{n-j}} \rho_t(\bm{x}_1, \ldots, \bm{x}_n) \, d\bm{x}_{j+1} \cdots d\bm{x}_n$$

とおけば，時刻 t における

$$\frac{n_\Delta!}{(n_\Delta - j)!} = n_\Delta (n_\Delta - 1) \cdots (n_\Delta - j + 1)$$

の平均とみなせることになる．

定理 1.3（BBGKY ヒエラルキー） $r_j(t, \bm{x}_1, \ldots, \bm{x}_n)$ を簡便のため $r_j(t)$ と表すと

$$\frac{\partial}{\partial t} r_j(t) = H_j r_j(t) + C_j r_{j+1}(t)$$

をみたす．ここで $f(t) = f(t, \bm{x}_1, \ldots, \bm{x}_n)$ について

$$C_j f(t) = \sum_{i=1}^{j} \int \left(\frac{\partial}{\partial \bm{q}_i} U(\bm{q}_i - \bm{q}_{j+1}), \frac{\partial}{\partial \bm{p}_i} f(t) \right)$$

証明．

$$\begin{aligned}
\frac{\partial}{\partial t} r_j(t) &= \frac{n}{(n-j)!} \int_{(V \times \mathbb{R}^3)^{n-j}} \frac{\partial}{\partial t} \rho_t \, d\bm{x}_{j+1} \cdots d\bm{x}_n \\
&= \frac{n}{(n-j)!} \int_{(V \times \mathbb{R}^3)^{n-j}} \sum_{i=1}^{n} \Bigg\{ -\left(\bm{p}_i, \frac{\partial}{\partial \bm{q}_i} \rho_t \right) \\
&\quad + \sum_{k:\, k \neq i} \left(\frac{\partial}{\partial \bm{q}_i} U(\bm{q}_i - \bm{q}_k), \frac{\partial}{\partial \bm{p}_i} \rho_t \right) \Bigg\} d\bm{x}_{j+1} \cdots d\bm{x}_n
\end{aligned}$$

補題 1.1 により，上の式の和の内，$i > j$ の部分は消える．一方，$i \leq j$ について は

$$\frac{n}{(n-j)!}\int \left(\boldsymbol{p}_i,\frac{\partial}{\partial \boldsymbol{q}_i}\rho_t\right)d\boldsymbol{x}_{j+1}\cdots d\boldsymbol{x}_n$$
$$= \left(\boldsymbol{p}_i,\frac{\partial}{\partial \boldsymbol{q}_i}\frac{n!}{(n-j)!}\int \rho_t\,d\boldsymbol{x}_{j+1}\cdots d\boldsymbol{x}_n\right)$$
$$= \left(\boldsymbol{p}_i,\frac{\partial}{\partial \boldsymbol{q}_i}r_j(t)\right)$$

同様に $i,k \leq j$ について

$$\frac{n!}{(n-j)!}\int\left(\frac{\partial}{\partial \boldsymbol{q}_i}U(\boldsymbol{q}_i - \boldsymbol{q}_k),\frac{\partial}{\partial \boldsymbol{p}_i}\rho_t\right)d\boldsymbol{x}_{j+1}\cdots d\boldsymbol{x}_n$$
$$= \left(\frac{\partial}{\partial \boldsymbol{q}_i}U(\boldsymbol{q}_i - \boldsymbol{q}_k),\frac{\partial}{\partial \boldsymbol{p}_i}r_j(t)\right)$$

さらに，$k \geq j+1$ は同じ働きをすることに注目すれば

$$\frac{n!}{(n-j)!}\sum_{i=1}^{j}\sum_{k=j+1}^{n}\int\left(\frac{\partial}{\partial \boldsymbol{q}_i}U(\boldsymbol{q}_i - \boldsymbol{q}_k),\frac{\partial}{\partial \boldsymbol{p}_i}\rho_t\right)d\boldsymbol{x}_{j+1}\cdots d\boldsymbol{x}_n$$
$$= \frac{n!}{(n-j)!}\sum_{i=1}^{j}(n-j)\int\left(\frac{\partial}{\partial \boldsymbol{q}_i}U(\boldsymbol{q}_i - \boldsymbol{q}_{j+1}),\frac{\partial}{\partial \boldsymbol{p}_i}\rho_t\right)d\boldsymbol{x}_{j+1}\cdots d\boldsymbol{x}_n$$
$$= \sum_{i=1}^{j}\int\left(\frac{\partial}{\partial \boldsymbol{q}_i}U(\boldsymbol{q}_i - \boldsymbol{q}_{j+1}),\frac{\partial}{\partial \boldsymbol{p}_i}r_{j+1}(t)\right)d\boldsymbol{x}_{j+1}$$

以上を合わせれば証明を終わる．　　　　　　　　　　　　　　　　　　　□

今までは，滑らかなポテンシャルの場合の方程式を考えたが，ボルツマン方程式と同様に分子が半径 d のボールで弾性衝突をする場合を考えてみよう．この場合にも技術的な問題はともかく，形式的にはまったく同じ BBGKY ヒエラルキー

$$\frac{\partial}{\partial t}r_j(t) = H_j r_j(t) + C_j r_{j+1}(t)$$

を導くことができる．この場合

$$H_j f(\boldsymbol{x}_1,\ldots,\boldsymbol{x}_j) = -\sum_{i=1}^{j}\left(\boldsymbol{p}_j,\frac{\partial}{\partial \boldsymbol{q}_j}f(\boldsymbol{x}_1,\ldots,\boldsymbol{x}_j)\right)$$

$$C_j r_j(\boldsymbol{x}_1,\ldots,\boldsymbol{x}_j) = d^2 \sum_{i=1}^{j} \int \left(\boldsymbol{\omega}, \boldsymbol{p}_{j+1} - \boldsymbol{p}_j\right)$$
$$r_{j+1}(\boldsymbol{x}_1,\ldots,\boldsymbol{x}_j, \boldsymbol{q}_{j+1} + d\boldsymbol{\omega}, \boldsymbol{p}_{j+1})\, d\boldsymbol{p}_{j+1} d\boldsymbol{\omega}$$

となる．この方程式で $j=1$ のときには,

(1) $\boldsymbol{\omega}$ を $(\boldsymbol{\omega}, \boldsymbol{p}_1 - \boldsymbol{p}_2) \geq 0$ のところと $(\boldsymbol{\omega}, \boldsymbol{p}_1 - \boldsymbol{p}_2) < 0$ の2つに分け，後者の $\boldsymbol{\omega}$ を $-\boldsymbol{\omega}$ に取り替える．
(2) 衝突前の位置と衝突後の位置が同じであることに注意すると

$$(\boldsymbol{q}_1, \boldsymbol{p}_1, \boldsymbol{q}_1 + d\boldsymbol{\omega}, \boldsymbol{p}_2) = (\boldsymbol{q}_1, \boldsymbol{p}'_1, \boldsymbol{q}_1 + d\boldsymbol{\omega}, \boldsymbol{p}'_2)$$

(3) $r_2(t, \boldsymbol{x}_1, \boldsymbol{x}_2) = r_1(t, \boldsymbol{x}_1) \times r_1(t, \boldsymbol{x}_2)$ と仮定する．
(4) $r_1(t, \boldsymbol{x}) = nf(t, \boldsymbol{x})$ とおく．

と，BBGKY ヒエラルキーはボルツマン方程式になる．一般に

$$r_j(t, \boldsymbol{x}_1,\ldots,\boldsymbol{x}_j) = \prod_{i=1}^{j} r_1(t, \boldsymbol{x}_i)$$

を仮定すれば，$f_1(t, \boldsymbol{x}_1) = \frac{r_1(t,\boldsymbol{x}_1)}{n}$ はボルツマン方程式の解になることがわかる．

非線形なボルツマン方程式に対して，BBGKY ヒエラルキーは線形な方程式で，1つの方程式ではなく方程式の系となるが，ある意味で扱いやすいといえるだろう．

1.5.2　ボルツマン・グラッド極限

平衡状態の場合には，位置が空間全体の場合にも時間発展を考えられることを示した．非平衡状態の場合には，ボルツマン方程式や BBGKY ヒエラルキーは位置の空間が有界集合 V の場合であった．これを空間全体に広げて考える必要があるだろう．そのためには，解を構成する空間やその上のノルムを定義して，このノルムについて完備であることを示し，と今までの微分と積分の順序

交換などまったく気にせず，形式的に進めてきた姿勢とは異なることをしなければならない（ノルム，完備性などについては 6.3.1 項にまとめる）．手間をかけて議論を進めるにも関わらず，証明できることといえば，ある時間の間の解の存在だけである．統計力学の本来の目的からいえば，非平衡状態から平衡状態への移行をみていきたいので，局所的な解の存在の証明ができたからといって，それで満足することはできないのだが，はじめの一歩としては重要なことであることはわかってもらえると思う．この節では，技術的な部分は省略して，証明の流れをみてもらうことにしよう．

これまでと同様に V を有界な集合として，その空間にある n 個の半径 d の球の運動に関する BBGKY ヒエラルキーを考えよう．今までは V を固定した流体力学的極限を考えていたので，nd^2 を一定に保って $n \to \infty$ を考えたのだが，n だけでなく V も全体に広げていくので $\frac{nd^2}{|V|}$ を一定に保つのが自然である．このときの対応する BBGKY ヒエラルキーの相関係数を r_j^d で表すことにしよう．しかし，

$$\int r_j^d(\boldsymbol{x}_1, \ldots, \boldsymbol{x}_j) \, d\boldsymbol{x}_1 \cdots d\boldsymbol{x}_j = \frac{n!}{(n-j)!}$$

だから，この関数たちは $d \to 0$，したがって $n \to \infty$ で発散してしまう．そこでスケールを変えて

$$f_j^d(\boldsymbol{x}_1, \ldots, \boldsymbol{x}_j) = n^{-j} r_j^d(\boldsymbol{x}_1, \ldots, \boldsymbol{x}_j)$$

とおけば

$$\lim_{n \to \infty} \int f_j^d(\boldsymbol{x}_1, \ldots, \boldsymbol{x}_j) \, d\boldsymbol{x}_1 \cdots d\boldsymbol{x}_j = 1$$

となる．この f_j^d を無限次元のベクトル

$$\boldsymbol{f}^d = \begin{pmatrix} f_1^d \\ f_2^d \\ \vdots \end{pmatrix}$$

で表す．さらに無限次元の行列 H と C^d を

$$H_{i,j} = \begin{cases} H_i & j = i \\ 0 & \text{その他の場合} \end{cases}$$

$$C^d_{i,j} = \begin{cases} C_j & j = i+1 \\ 0 & \text{その他の場合} \end{cases}$$

で定義すると，形式的に BBGKY ヒエラルキーは

$$\frac{\partial}{\partial t} \boldsymbol{f}^d = (H + C^d) \boldsymbol{f}^d$$

と表せる．C^d の項がなければ単純な対角行列だから，これはばらばらの線形方程式となり解くことができる．初期値が $\boldsymbol{f}^d$ のときの，その解を時間発展の作用素 S_t を用いて $S_t \boldsymbol{f}^d$ で表す．これを用いて

$$\begin{aligned}
\boldsymbol{f}^d(t) &= S_t \boldsymbol{f}^d \\
&+ \sum_{m=1}^{\infty} \int_0^t dt_1 \int_0^{t_1} dt_2 \cdots \int_0^{t_{m-1}} dt_m \\
&\quad S_{t-t_1} C^d S_{t_1-t_2} C^d \cdots C^d S_{t_m} \boldsymbol{f}^d
\end{aligned} \quad (1.6)$$

を考えると，これは時刻 $t_1, t_2, \ldots, t_m$ ($0 \leq t_m < t_{m-1} < \cdots < t_1 \leq t$) で衝突をする時間発展を考えていることになる．右辺が存在することを仮定して形式的に微分をしてみれば，$\boldsymbol{f}^d(t)$ が BBGKY ヒエラルキーの解になっていることがわかる．

問題が整理できただろうか．上の右辺が意味をもつような $\boldsymbol{f}$ の空間を設定してやればいいのである．$\beta > 0$ について

$$\sigma_\beta(\boldsymbol{p}) = \left(\frac{\beta}{2\pi}\right)^{3/2} \exp\left[-\frac{\beta}{2}(\boldsymbol{p}, \boldsymbol{p})\right]$$

とおく．これは数学的にいえば平均 0，分散が $\frac{1}{\beta}$ の互いに独立な 3 次元の正規分布の密度関数で，平衡状態のモーメントの分布として自然なものである．

$$\boldsymbol{f}(x_1, x_2, \ldots) = \begin{pmatrix} f_1(x_1) \\ f_2(x_1, x_2) \\ \vdots \end{pmatrix}$$

と $z > 0$ について

$$\|\boldsymbol{f}\|_{z,\beta} = \sup_j z^{-j} \sup_{\boldsymbol{x}_1, \ldots, \boldsymbol{x}_j \in \Lambda \times \mathbb{R}^3} \frac{|f_j(\boldsymbol{x}_1, \ldots, \boldsymbol{x}_j)|}{\prod_{i=1}^j \sigma_\beta(\boldsymbol{p})}$$

と定める．正規分布から遠ざかると比が大きくなって，上の値が大きくなるわけである．こうしておいて，

$$V_{z,\beta} = \{\boldsymbol{f} : ||\boldsymbol{f}||_{z,\beta} < \infty\}$$

と定める．こうすれば $V_{z,\beta}$ は $||\cdot||_{z,\beta}$ をノルムとしてバナッハ空間になることがわかる．後は $V_{z,\beta}$ に属する初期値 $\boldsymbol{f}$ を選んだとき，(1.6) の右辺が十分小さな t について $V_{z,\beta}$ で収束することを示せばよいわけである．

証明はかなり技術的なので，省略するが次の補題が成り立つ．

補題 1.2 $\beta > \beta' > 0, z' > (\beta'/\beta)^{3/2}z$ とおくとき，定数 A が存在して，$\boldsymbol{f} \in V_{z,\beta}$ について

$$||S(t-t_1)C^d S(t_1-t_2)C^d \cdots C^d S(t_m)\boldsymbol{f}||_{z',\beta'} \le \left[A\pi nd^2 z\sqrt{\frac{3}{\beta}}\right]^m ||\boldsymbol{f}||_{z,\beta}$$

以下

$$t_0 = \left[A\pi nd^2 z\sqrt{\frac{3}{\beta}}\right]^{-1}$$

とおこう．補題 1.2 から

系 1.1 補題 1.2 と同じ仮定の下で，$|t| < t_0$ なら (1.6) は $V_{z',\beta'}$ の元として収束する．

証明． 任意の m について，補題 1.2 から

$$\left|\left|\int_0^t dt_1 \int_0^{t_1} dt_2 \cdots \int_0^{t_m}(t-t_1)C^d S(t_1-t_2)C^d \cdots C^d S(t_m)\boldsymbol{f}\right|\right|_{z',\beta'}$$
$$< \left|\frac{t}{t_0}\right|^m ||f||_{z,\beta}$$

が成り立つ．このことから (1.6) の右辺は $|t| < t_0$ ならば公比が 1 より小さい等比級数の和になる．そこで $V_{z,\beta}$ が完備であることから，この級数は t について広義一様収束（6.1.1 項）することがわかり，系は成立する． □

ボルツマン方程式は，分子の空間 $V \times \mathbb{R}^3$ の上の方程式だが，同じような考え方をすれば，2個の分子の空間 $(V \times \mathbb{R}^3)^2$ の上や，3個，4個と任意の個数の分子の空間の上でも作ることができる．さらに，nd^2 を保ったまま極限をとった方程式の解も

$$\begin{aligned} \boldsymbol{f}^0(t) &= S_t^0 \boldsymbol{f}^0 \\ &+ \sum_{n=1}^{\infty} \int_0^t dt_1 \int_0^{t_1} dt_2 \cdots \int_0^{t_{n-1}} dt_n \\ &\quad S_{t-t_1}^0 C^0 S_{t_1-t_2}^0 C^0 \cdots C^0 S_{t_m}^0 \boldsymbol{f}^0 \end{aligned} \quad (1.7)$$

と形式的に表される．ここで S_t^0 は相互作用のない運動だから

$$(S_t^0 \boldsymbol{f})_j(\boldsymbol{x}_1, \ldots, \boldsymbol{x}_j) = f_j(\boldsymbol{q}_1 - t\boldsymbol{p}_1, \boldsymbol{p}_1, \ldots, \boldsymbol{q}_j - t\boldsymbol{p}_j, \boldsymbol{p}_j)$$

となる．

以上をまとめて，詳細な議論を行えば次の定理を得る．

定理 1.4 初期状態 $\boldsymbol{f}^d$ は

(1) ある $z, \beta > 0$ について，$\|\boldsymbol{f}^d\|_{z,\beta}$ は $d \geq 0$ について一様に有界である．
(2) f_j^0 は $(\Lambda \times \mathbb{R}^3)^j$ で連続で，f_j^d は f_j^0 に広義一様収束する．

ならば，$0 \leq t < t_0$ で，$f_j^d(t)$ は $f_j^0(t)$ に概収束する（6.3.3項）．

さらに

$$f_j^0(\boldsymbol{x}_1, \ldots, \boldsymbol{x}_j) = \prod_{i=1}^{j} f_1^0(\boldsymbol{x}_i)$$

ならば，$f_1^0(t, \boldsymbol{q}_1, \boldsymbol{p}_1)$ はボルツマン方程式の解であることもわかる．

第2章 熱力学的極限

V を位置の空間としよう．数学的にはあいまいな表現だが，この空間は全体からみれば小さいけれど，分子のレベルからみると十分に大きいものとするというのが，統計力学の出発点である．これを正当化するには，有界な集合 V で考察した後，V を適切な意味で全空間に広げれば，微視的には十分に大きいが，その途中では常に有界な集合を考えているのだから，巨視的には小さい空間を考察することになる．V が有界であることから，微視的な影響が残るものの，V を広げていく過程でその影響が消えて，巨視的な秩序を見付け出すことができる．このような極限の取り方を熱力学的極限とよぶ．この章ではさまざまな統計力学的量を熱力学的極限をとることで定義し，その性質を調べていこう．

2.1 アンサンブル

前の章で相空間 Ω の上の確率測度が状態であるという議論をし，さらに平衡状態とは時間について不変な確率測度のことであると示した．統計力学ではこの確率測度をアンサンブルとよんでいる．これから考察するアンサンブルは 3 種類ある．

- ミクロカノニカルアンサンブル
- カノニカルアンサンブル
- グランドカノニカルアンサンブル

簡単に説明をすれば，ミクロカノニカルアンサンブルとは V の中の分子たちは外界から一切影響を受けず，中にある分子たちとの相互作用だけで運動をするものである．カノニカルアンサンブルとは，V の中の分子は外にでたり，外か

ら中に入ったりすることはないが，外部とは相互作用があるものである．外部は内部に比べて巨大であると考えているので，この相互作用によって変化は受けないとする．たとえば，大きな水槽に付けられた箱の中の運動に相当する．最後のグランドカノニカルアンサンブルは，外部とエネルギーのやりとりだけでなく，分子の出入りも許すものである．

2.1.1　古典連続系

分子は 1 種類だけで，質量 m をもつものとしよう．前の章の場合と同様である．V 内に n 個の分子がある場合を考えよう．それらの位置とモーメントが $\{(q_i, p_i)\}_{i=1}^n$ の場合，その相空間 $(V \times \mathbb{R}^3)^n$ における位置は $\omega = (q_1, p_1, \ldots, q_n, p_n)$ となる．記号が増えてしまうが，(q_i, p_i) をペアにして $x_i = (q_i, p_i)$ で表したりもすることにしよう．このときのエネルギーを表すハミルトニアンは，運動エネルギーと位置エネルギーによって，

$$H(\omega) = \sum_{i=1}^n \frac{(p_i, p_i)}{2m} + U(q_1, \ldots, q_n) \qquad (\omega = (x_1, \ldots, x_n))$$

と表されるとしよう．位置エネルギーは

$$U(q_1, \ldots, q_n) = \sum_{i=1}^n \sum_{1 \leq j_1 < \cdots < j_i \leq n} \Phi_i(q_{j_1}, \ldots, q_{j_i})$$

と i 体ポテンシャルに分解して考える．Φ_i は平行移動，回転，反転について不変であるとするのが自然であろう．この場合には 1 体ポテンシャル $\Phi_1(q)$ は定数，2 体ポテンシャル $\Phi_2(q_1, q_2) = \Phi_2(|q_1 - q_2|)$ と q_1 と q_2 の間の距離にのみよることになる．これからは簡単のために，3 体以上のポテンシャルはないものとして話を進めることにする．すなわち，対称性を考慮に入れれば

$$U(q_1, \ldots, q_n) = \sum_{i=1}^n \Phi_1(q_i) + \frac{1}{2} \sum_{\substack{i,j=1 \\ i \neq j}}^n \Phi_2(|q_i - q_j|)$$

と表される場合を考える．

ミクロカノニカルアンサンブル

V の境界では分子は弾性衝突をするものとする．分子は V 内に留まり，外から分子が入ってきたりエネルギーが供給されたりすることがない場合を考えよう．この場合には V 内のエネルギーは保存されるので，初期の総エネルギーを E とすると時間が経過してもエネルギーは E のままでなければならない．したがって，相空間の中で分子がいることができる配置は

$$\{\omega \in (V \times \mathbb{R}^3)^n : H(\omega) = E\}$$

で表される多様体になる．リューヴィルの定理（p.16）により体積が保存されるので，この多様体の上では体積をこの多様体に制限した測度を考えればよいことになる．形式的に表せば

$$\frac{1}{n!}\delta(H(\omega) - E)\, dq_1 \cdots dq_n dp_1 \cdots dp_n$$

で与えられることになる．ここで δ は $x \neq 0$ では $\delta(x) = 0$ かつ

$$\int_{-\infty}^{\infty} \delta(x)\, dx = 1$$

で与えられる形式的な関数であるデルタ関数である．イメージ的には図 2.1 のような関数の極限と考えればよい．$n!$ でわったのは分子は区別が付かないことと等方性を考慮に入れたからである．アンサンブル，すなわち確率測度はこれを全体の測度

$$\Omega(V, n, E) = \int \frac{1}{n!}\delta(H(\omega) - E)\, dq_1 \cdots dq_n dp_1 \cdots dp_n$$

でわればいいことになる．この定数をミクロカノニカル分配関数という．積分は空間全体にとるので発散してしまうおそれがあるが，空間 V が有界なことと，ポテンシャルに適切な仮定をおいてモーメントも有界にとどまる場合にはその心配はない．

現実問題では，総エネルギー E を定めることはほとんど不可能だし，多様体がどんな構造をしているかを調べるのも困難なので，デルタ関数を十分小さな

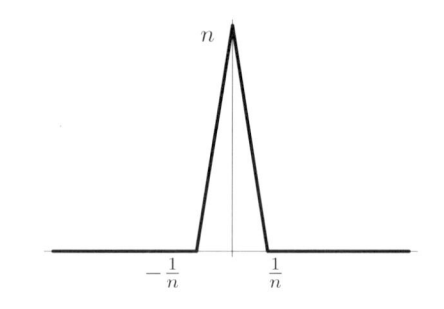

図 2.1 デルタ関数の近似

図 2.2 デルタ関数の代わり

$\Delta > 0$ を考えて $(-\Delta, 0)$ の定義関数 δ^Δ に変えたり，さらに $(-\infty, 0)$ の定義関数 δ^- に変えたりもする（図 2.2）．こうしても以下の議論には大きな変化をもたらさないことについては後で議論しよう．

カノニカルアンサンブル

この場合にも，分子は V の境界では弾性衝突をすると考える．分子は V 内に留まり，外から分子が入ってはこないが，エネルギーは外部と交換することができる．この場合には温度を考える．習慣から温度そのものではなく逆温度 β を用いる．正確に言うと温度を T とするとき，

$$\beta = \frac{1}{kT}$$

と表される．k はボルツマン定数とよばれ

$$k = 1.3806 \times 10^{-23} \, \text{JK}^{-1} \qquad (\text{J:ジュール，K:絶対温度})$$

である．この定数はエントロピーの定義のところでも現れるが，数学的には本質的な意味をもたない．そのため，違和感のある方もいるかもしれないが，以降ではこの定数を $k=1$ とみなして議論を進めることにしよう．またこの場合，温度とは絶対温度のことだから，$\beta = \infty$ となるのが絶対温度が $0°\text{C}$ ($0\text{K} = -273.15°\text{C}$) のときである．

エネルギーが出入りするのだから，確率測度は相空間全体 $\Omega = (V \times \mathbb{R}^3)^n$ にのっていることになり，ミクロカノニカルよりは扱いやすくなる．測度は

$$\frac{1}{n!} e^{-\beta H(\omega)} \, d\omega$$
$$= \prod_{i=1}^{n} \left[\exp\left(-\beta \frac{p_i^2}{2m}\right) dp_i \right] \times \left[\frac{1}{n!} \exp\left(-\beta U(q_1, \ldots, q_n)\right) dq_1 \cdots dq_n \right]$$

で与えられる．右辺の前半が運動エネルギー，後半が位置エネルギーに対応する．位置エネルギーの部分には外部からの相互作用が含まれることに注意しておこう．これを正規化定数

$$Z(V, n, \beta) = \int \frac{1}{n!} e^{-\beta H(\omega)} \, d\omega$$

でわったものがカノニカルアンサンブルである．この正規化定数をカノニカル分配関数という．

グランドカノニカルアンサンブル

エネルギーだけでなく分子も出入りする場合である．逆温度だけではなく，化学ポテンシャル μ を導入する．熱力学では 1mol あたりのポテンシャルを考え，統計力学では 1 分子あたりのエネルギーを考えるので，2 つの間にはアボガドロ数 6.023×10^{23} だけ違うことになるようだ．

V 内に分子が n 個ある場合に制限した測度で

$$\frac{1}{n!} e^{n\beta\mu} \exp[-\beta H(\omega_n)] \, d\omega_n \qquad (\omega_n = (x_1, \ldots, x_n))$$

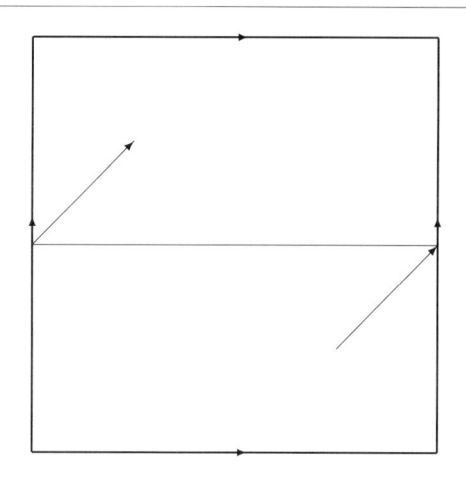

図 2.3 多様体の貼り合わせ

で与えられるものを考えよう．これを正規化定数

$$\Xi(V,\beta,\mu) = \sum_{n=0}^{\infty} \int \frac{1}{n!} e^{n\beta\mu} \exp[-\beta H(\omega_n)] \, d\omega_n$$

でわったものがグランドカノニカルアンサンブルである．この正規化定数をグランドカノニカル分配関数という．

以上の古典連続系では分子に核がない場合を考えてきた．核というのは，他の分子の立ち入れない場所のことである．半径 d の球で，表面で弾性衝突をするのがその代表的な例である．この場合には，相空間は $(V \times \mathbb{R}^3)^n$ 全体ではなく，分子が交わるような部分を除くだけでなく，衝突前の状態と衝突後の状態を同一視することで，多体衝突をするような例外的な場合を除いて滑らかな多様体になることがわかる．その上で考えれば基本的に今までの場合と同様に扱える．衝突前と衝突後を同一視するとは，図 2.3 にあるような正方形の左右の辺を，図の矢印の方向で同一視し，かつ上下の辺も矢印の方向で同一視するとトーラスといわれるドーナッツ型になる．そして例えば右の辺に衝突すると，衝突した点を横に平行移動した左の辺の点が衝突後の相空間の点であるとすれば，右辺と左辺は同じものとみなすことができると考えれば理解しやすいのではないだろうか．

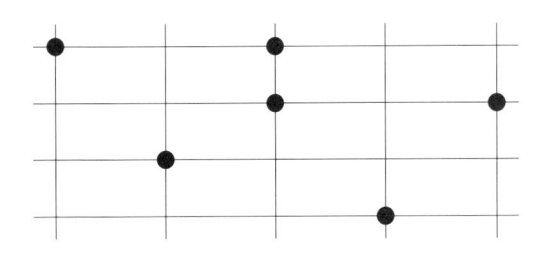

図 2.4 格子系

2.1.2　古典格子系

配置の空間が実空間ではなくて，$\mathbb{Z}^\nu$ の場合を考えてみよう（図 2.4）．各 $x \in \mathbb{Z}^\nu$ をサイトとよくよぶ．各サイトには状態 A があると考えて，相空間を $\Omega = A^{\mathbb{Z}^\nu}$ とおく．これはさまざまなモデルになっている．$A = \{0, 1\}$ の場合には，サイトの状態が 1 のところには分子がある，0 のところには分子がないとみなせば，結晶のモデルになる．もっと一般に A が有限集合の場合には，分子にはいくつかの種類があるとみなして，合金のモデルになる．これとは違って $A = \{-1, +1\}$ のときには，サイトが +1 のときには上向き，−1 のときには下向きのスピンをもったスピンのモデルとか磁石のモデルとみることができる．磁石のモデルとみなせば，プラスもしくはマイナスに揃いやすい相互作用をもつときには磁石になりやすいモデル（フェロマグネティック），逆にまわりがプラスならマイナスになりやすく，周りがマイナスならプラスになりやすいというモデルは磁石になりにくいモデル（アンチフェロマグネティック）というわけである．

もちろん，三角格子や六角格子などの一般化も可能だが，ここではその議論は行わない．

2.1.3　量子系

この本では量子力学について深入りするつもりはないが，概要だけ述べておこう．量子力学では 2 乗可積分関数の作るヒルベルト空間 L^2 の上の対称作用素で観測量は表現される．ヒルベルト空間については 6.3.1 項，L^2 空間につい

ては 6.3.3 項を参照してほしい．対称作用素については 6.3.2 項にまとめる．

量子連続系では，配置の空間 V の上に分子が n 個ある場合には，ハミルトニアンはヒルベルト空間 $L^2(V^n)$ の上の対称作用素になる．前の章と同じように，分子の配置をすべて並べて

$$(q_1,\ldots,q_n) = (q_1^1, q_1^2, q_1^3, \ldots, q_n^1, q_n^2, q_n^3)$$

と表すとき，ハミルトニアンは

$$H_n^V = \sum_{i=1}^n \left(-\frac{1}{2m} \sum_{j=1}^3 \frac{\partial^2}{\partial (q_i^j)^2} \right) + U(q_1,\ldots,q_n)$$

で表される．波の作用素 $U(q_1,\ldots,q_n)$ は座標の取り替えに関して対称なときはボゾン，反対称なときはフェルミオンとよばれる．ボゾンならば $L^2(V^n)$ 全体ではなく，座標の取り替えに関して対称な関数たちのみを考え，ボーズ・アインシュタイン統計といい，フェルミオンなら反対称の関数たちのみを考え，フェルミ・ディラック統計という．対称性に関する制限を考慮に入れないで $L^2(V^n)$ 全体で考えるときにはマックスウェル・ボルツマン統計という．座標の取り替えとは i 座標と j 座標を取り替える作用素を σ_{ij} で表すと，例えば

$$\sigma_{12}(q_1, q_2, \ldots, q_n) = (q_2, q_1, \ldots, q_n)$$

となる．この作用素は関数にも作用させることができて

$$(\sigma_{12}f)(q_1, q_2, \ldots, q_n) = f(q_2, q_1, \ldots, q_n)$$

と定義すれば，相空間は

ボゾンでは　　　 $\{f \in L^2(V^n) : $ すべての i, j について $\sigma_{ij}f = f\}$

フェルミオンでは　 $\{f \in L^2(V^n) : $ すべての i, j について $\sigma_{ij}f = -f\}$

と表すことができる．

ミクロカノニカルアンサンブル

全体のエネルギーは一定だから

$$\frac{1}{n!}\delta(H_n^V - E)$$

という作用素を考えるわけだが，デルタ関数の代わりに古典力学と同じように $(-\Delta, 0)$ の上の定義関数 δ^Δ や $(-\infty, 0)$ の上の定義関数 δ^- を用いたりもする．

カノニカルアンサンブル

逆温度 β を考慮して，マックスウェル・ボルツマン統計では

$$\frac{1}{n!}\exp[-\beta H_n^V]$$

を考える．ボーズ・アインシュタイン統計やフェルミ・ディラック統計では対称性を考慮した $n!$ は不要になる．

グランドカノニカルアンサンブル

考える空間は $L^2(V^n)$ の直和 $\oplus_{n=0}^\infty L^2(V^n)$ になる．分子の数に対応する作用素 n^V は固有値 n を固有空間 $L^2(V^n)$ にとる．すなわち $\bm{f} = (f_0, f_1, \ldots)$ に対して

$$n^V \bm{f} = (0, f_1, 2f_2, \ldots)$$

である．そこで $L^2(V^n)$ に制限した作用素は

$$(n^V!)^{-1}\exp[\beta\mu n^V - H_n^V]$$

である．すなわち，$(f_0, f_1, \ldots)$ についてグランドカノニカルアンサンブルは

$$\left((n^V!)^{-1}\exp[\beta\mu n^V - H_n^V]f_n\right)_n = \left(\frac{1}{n!}\exp[\beta\mu n - H_n^V]f_n\right)_n$$

で与えられる．

2.2　1次元格子系の熱力学的極限

もっとも簡単な場合を考えてみよう．格子気体の場合，$V \subset \mathbb{Z}$ の整数格子に分子があるかないかの 2 状態だけしかない場合である．1 つの格子点には 2 つ

分子が入ることはできない．以下では $V = [0, N-1]$ としよう．全空間に広げるときにこの表現では $[0, \infty)$ にしか広がらないので不適切であると思うかもしれない．しかし，空間は平行移動について対称であるので，このようにとっても本質的な差は生じない．一方で，$[-N, N]$ とすれば表現は自然になるが，中の格子点の個数が $2N + 1$ になるなど添え字が煩雑になりかえってわかりにくくなると思われる．大雑把にみれば，区間 $[-\frac{N}{2}, \frac{N}{2}]$ を考えると思ってもらってもよいだろう．

もっとも簡単な場合から始めよう．

2.2.1 理想気体の場合

この場合には他の分子とまったく相互作用をしないことになる．

ミクロカノニカルアンサンブル

V に分子が n 個ある場合のミクロカノニカルアンサンブルを考えよう．どの配置もミクロカノニカル分配関数（正規化定数）

$$\Omega(V, n) = \binom{N}{n}$$

でわった

$$\binom{N}{n}^{-1}$$

とみな等しい確率をもつことがわかる．

ミクロカノニカル分配関数の増加率の極限を考えよう．場所あたりの分子のある比率を p とすると，区間 $[0, N-1]$ には $n = Np$ 個分子があることになる．正確には Np は整数とは限らないので補正が必要だが，技術的な煩わしさを増すだけなので細かいことは気にしないことにしよう．これはミクロカノニカル分配関数の対数をとって

$$\log \Omega(V, Np) = \log \binom{N}{Np}$$

これを N でわって，$N \to \infty$ をとる．このときスターリングの公式を用いれば

$$\frac{1}{N} \log \begin{pmatrix} N \\ Np \end{pmatrix}$$
$$\sim \frac{1}{N} \log \left\{ \frac{N^N e^{-N} \sqrt{2\pi N}}{(N(1-p))^{N(1-p)} e^{-N(1-p)} \sqrt{2\pi N(1-p)} (Np)^{Np} e^{-Np} \sqrt{2\pi Np}} \right\}$$
$$= -\frac{1}{N} \log\{(1-p)^{N(1-p)} p^{Np} \sqrt{2\pi Np(1-p)}\}$$
$$= -(1-p)\log(1-p) - p\log p - \frac{1}{N}\log\{2\pi Np(1-p)\}$$

これより

$$s(p) = \lim_{N \to \infty} \frac{1}{N} \log \Omega(V, Np) = -p\log p - (1-p)\log(1-p)$$

となる．これはエントロピーとよばれ，分子の存在確率 p に依存する．H 定理（定理 1.2）で現れた関数にマイナスの符号を付けたものにほぼ等しくなり，系の複雑さを表す量になっている．再び注意しておくと，物理では通常この値にボルツマン定数 k をかけた

$$-k(\log p + (1-p)\log(1-p))$$

をエントロピーと定義する．

2.2.2 カノニカルアンサンブル

V に分子が n 個ある場合にはカノニカルアンサンブルなら，逆温度 β と一体ポテンシャル ϕ_1 によって，どの配置も

$$H(q_0, \ldots, q_{N-1}) = n\beta\phi_1$$

とすべて同じエネルギーをもつ．したがって，ミクロカノニカルアンサンブルとカノニカルアンサンブルは等しくなる．カノニカル分配関数は

$$Z(V, n, \beta) = \begin{pmatrix} N \\ n \end{pmatrix} \exp[-n\beta\phi_1]$$

であるのでカノニカル分配関数の増加率の $-\beta$ 倍は自由エネルギー $f(p,\beta)$ とよばれるので，再び $n = Np$ として

$$\begin{aligned}
-\beta f(p,\beta) &= \lim_{N\to\infty} \frac{1}{N} \log Z(V, Np, \beta) \\
&= -p\log p - (1-p)\log(1-p) - \beta p\phi_1
\end{aligned}$$

で与えられる．$p\phi_1$ は場所あたりのエネルギー ε に等しいことに注意しよう．すなわち，上の式は

$$f(p,\beta) = \varepsilon - \frac{s(p)}{\beta}$$

となる．

グランドカノニカルアンサンブル

グランドカノニカルアンサンブルでは化学ポテンシャルを μ とするとき分子が V に n 個あるエネルギーは

$$e^{n\beta\mu} \exp[-n\beta\phi_1] = \exp[n\beta(\mu - \phi_1)]$$

であるので，この通り数 $\binom{N}{n}$ をかけた

$$\binom{N}{n} \exp[n\beta(\mu - \phi_1)]$$

をグランドカノニカル分配関数（正規化定数）

$$\Xi(V,\beta,\mu) = \sum_{n=0}^{N} \binom{N}{n} \exp[n\beta(\mu - \phi_1)] = (1 + \exp[\beta(\mu - \phi_1)])^N$$

でわったものが V 内に分子が n 個存在する確率となる．$\mu - \phi_1$ を μ と置き直せばわかるように，一体ポテンシャルと化学ポテンシャルの果たす役割は本質的に同じである．

カノニカルアンサンブルと同様にグランドカノニカルアンサンブル分配関数の増大率は

$$\beta p(\beta,\mu) = \lim_{N\to\infty} \frac{1}{N} \log \Xi(V,\beta,\mu) = \log(1 + \exp[\beta(\mu - \phi_1)])$$

と表される．この $p(\beta,\mu)$ を圧力とよぶ．なぜ，これが圧力なのかは 4 章で示そう．

2.2.3　行列による表現

これまで考えてきた1次元の場合には行列を用いた表現が可能である.

$$M_t = \begin{matrix} & 0 & 1 \\ 0 & \\ 1 & \end{matrix}\begin{pmatrix} 1 & 1 \\ t & t \end{pmatrix}$$

とおこう. $(0,0)$ 成分と $(0,1)$ 成分は, 今いる場所には分子が存在しないで, $(0,0)$ では右隣にも分子なし, $(0,1)$ は右隣に分子ありに対応し, $(1,0)$ 成分と $(1,1)$ 成分は, 今いる場所には分子があって, $(1,0)$ では右隣には分子なし, $(1,1)$ は分子ありに対応すると考える. これにベクトル $\begin{pmatrix} 1 \\ t \end{pmatrix}$ を考える. これは右端の状態に対応する. つまり, 第1成分は右端に分子なし, 第2成分は分子ありに対応すると考える. こうすると

$$M_t \begin{pmatrix} 1 \\ t \end{pmatrix} = \begin{pmatrix} 1+t \\ t+t^2 \end{pmatrix}$$

の第1成分の t の係数は左端に分子がないとき, $[0,1]$ に分子が0個あるか1個あるかの2状態があることを表し, 第2成分の t の係数は左端に分子があるとき, $[0,1]$ に分子が1個あるか2個あるかの2状態があることを表している. これを一般化すれば

$$(1,1) M_t^{N-1} \begin{pmatrix} 1 \\ t \end{pmatrix}$$

の t^n の係数は $[0, N-1]$ 全体で分子が n 個ある場合の通り数になる. M_t の固有値が 0 と $1+t$ であることから

$$U = \begin{pmatrix} 1 & 1 \\ -1 & t \end{pmatrix}$$

とおいて

$$U^{-1} M_t U = \begin{pmatrix} 0 & 0 \\ 0 & 1+t \end{pmatrix}$$

と対角化できるので

$$(1,1)M_t^{N-1}\begin{pmatrix}1\\t\end{pmatrix} = (1,1)U(U^{-1}M_tU)^{N-1}U^{-1}\begin{pmatrix}1\\t\end{pmatrix} = (1+t)^N$$

を得る．この n 次の係数からミクロカノニカルアンサンブルの分配関数が求まり，$t = e^{\beta(\mu-\phi_1)}$ とおけばグランドカノニカルアンサンブルの分配関数が求まることがわかる．$[0, N-1]$ に場所あたりの分子の割合が p である場合のエントロピーは，上の関数の t の係数が $\binom{N}{n}$ であることと

$$s(p) = \lim_{N\to\infty}\frac{1}{N}\log\binom{N}{Np} = -p\log p - (1-p)\log(1-p)$$

であることが再び導かれる．圧力は

$$\beta p(\beta,\mu) = \lim_{N\to\infty}\frac{1}{N}\log(1+e^{\beta(\mu-\phi_1)})^N = \log(1+e^{\beta(\mu-\phi_1)})$$

である．

2.2.4　相互作用のないスピン系の場合

プラス $(+)$ のスピンとマイナス $(-)$ のスピンの 1 体ポテンシャルをそれぞれ ϕ_+ と ϕ_- と表そう．この場合には，化学ポテンシャルは 0 と考える．

ミクロカノニカルアンサンブルでは，$+$ のスピンが n 個あるとするとミクロカノニカル分配関数は $\binom{N}{n}$ であるので，$+$ のスピンの割合を p とするとエントロピーは，相互作用のない理想気体の場合と同様に $n = Np$ として

$$\lim_{N\to\infty}\frac{1}{N}\log\binom{N}{n} = -p\log p - (1-p)\log(1-p)$$

となる．

$V = [0, N-1]$ に $+$ のスピンが n 個のときのエネルギーは

$$H(q_0,\ldots,q_{N-1}) = \exp[-\beta(n\phi_+ + (N-n)\phi_-)]$$

である．そこで
$$M_\phi = \begin{matrix} & + & - \\ + \\ - \end{matrix}\begin{pmatrix} e^{-\beta\phi_+} & e^{-\beta\phi_+} \\ e^{-\beta\phi_-} & e^{-\beta\phi_-} \end{pmatrix}$$

とおけば，
$$(1,1)M_\phi^{N-1}\begin{pmatrix} e^{-\beta\phi_+} \\ e^{-\beta\phi_-} \end{pmatrix}$$

によって，グランドカノニカルアンサンブルを求めることができる．M_ϕ の固有値は 0 と $e^{-\beta\phi_+} + e^{-\beta\phi_-}$ であることと

$$U = \begin{pmatrix} 1 & e^{-\beta\phi_+} \\ -1 & e^{-\beta\phi_-} \end{pmatrix}$$

とおいて
$$(1,1)M_\phi^{N-1}\begin{pmatrix} e^{-\beta\phi_+} \\ e^{-\beta\phi_-} \end{pmatrix} = \left(e^{-\beta\phi_+} + e^{-\beta\phi_-}\right)^N$$

したがって，圧力は
$$\beta p(\beta) = \log\left(e^{-\beta\phi_+} + e^{-\beta\phi_-}\right)$$

となる．

同様に
$$M_t = \begin{matrix} & + & - \\ + \\ - \end{matrix}\begin{pmatrix} te^{-\beta\phi_+} & te^{-\beta\phi_+} \\ e^{-\beta\phi_-} & e^{-\beta\phi_-} \end{pmatrix}$$

とおけば，
$$(1,1)M_t^{N-1}\begin{pmatrix} te^{-\beta\phi_+} \\ e^{-\beta\phi_-} \end{pmatrix}$$

の t^n の係数によって，カノニカルアンサンブルを求めることができる．M_t の固有値は 0 と $te^{-\beta\phi_+} + e^{-\beta\phi_-}$ であることと

$$U_t = \begin{pmatrix} 1 & te^{-\beta\phi_+} \\ -1 & e^{-\beta\phi_-} \end{pmatrix}$$

とおいて

$$(1,1)M_\phi^{N-1}\begin{pmatrix} te^{-\beta\phi_+} \\ e^{-\beta\phi_-} \end{pmatrix} = \left(te^{-\beta\phi_+} + e^{-\beta\phi_-}\right)^N$$

であるので，t^n の係数は

$$\binom{N}{n} e^{-n\beta\phi_+} e^{-(2N-n)\beta\phi_-}$$

である．したがって，カノニカルアンサンブル分配関数の増加率である自由エネルギーは + のスピンの割合を p とおけば

$$\begin{aligned}
-\beta f(\rho,\beta) &= \lim_{N\to\infty} \frac{1}{N} \log\left[\binom{N}{n} e^{-n\beta\phi_+} e^{(N-n)\beta\phi_-}\right] \\
&= -p\beta\phi_+ - (1-p)\beta\phi_- + \lim_{N\to\infty} \frac{1}{N} \log\binom{N}{n} \\
&= -p\beta\phi_+ - (1-p)\beta\phi_- - p\log p - (1-p)\log(1-p)
\end{aligned}$$

に等しい．ここでも $p\phi_+ + (1-p)\phi_-$ は場所あたりのエネルギー ε に等しいので，上の式も

$$f(p,\beta) = \varepsilon - \frac{s(p)}{\beta}$$

と表せる．

また，この t^n の係数は + スピンの個数であるから，グランドカノニカルアンサンブルの + スピンの平均個数は

$$\sum_{n=0}^{N} n \times \binom{N}{n} e^{-n\beta\phi_+} e^{-(N-n)\beta\phi_-} t^n$$

の $t = 1$ とおいた場合をグランドカノニカル分配関数

$$(e^{-\beta\phi_+} + e^{-\beta\phi_-})^N$$

でわったものに等しい．これは

$$\sum_{n=0}^{N} n \times \binom{N}{n} e^{-n\beta\phi_+} e^{-(N-n)\beta\phi_-} t^n$$
$$= t\left(\sum_{n=0}^{N} \binom{N}{n} e^{-n\beta\phi_+} e^{-(N-n)\beta\phi_-} t^n\right)'$$

$$= t\left(\left(e^{-\beta\phi_+}t + e^{-\beta\phi_-}\right)^N\right)'$$
$$= tN\left(e^{-\beta\phi_+}t + e^{-\beta\phi_-}\right)^{N-1}e^{-\beta\phi_+}$$

であることから，＋スピンの場所あたりの割合は

$$p_* = \frac{e^{-\beta\phi_+}}{e^{-\beta\phi_+} + e^{-\beta\phi_-}}$$

になる．

2.2.5　分子が隣り合うことができない場合（マルコフ型）

ある場所に分子があるときにはその隣には分子が入れない場合を考えよう．このモデルは連続系では核をもった場合に相当する．この場合，相空間は0と1の長さ N の列全体 $\{0,1\}^N$ ではなく制限して考える．

$$M = \begin{array}{c} \\ 0 \\ 1 \end{array}\begin{array}{cc} 0 & 1 \end{array}\begin{pmatrix} 1 & 1 \\ 1 & 0 \end{pmatrix}$$

とおいて，相空間は

$$\{(q_0, \ldots, q_{N-1}) : M_{q_i, q_{i+1}} = 1, 0 \le i < N-1\}$$

で定義される．行列 M のことを構造行列とよぶ．

前と同様に M を少し変化させて

$$M_t = \begin{pmatrix} 1 & 1 \\ t & 0 \end{pmatrix}$$

とおけば

$$(1,1)M_t^{N-1}\begin{pmatrix} 1 \\ t \end{pmatrix}$$

によってアンサンブルを決定できる．M_t の固有値は

$$\frac{1 \pm \sqrt{1+4t}}{2}$$

で，固有ベクトルを並べた

$$U = \begin{pmatrix} 1 - \sqrt{1+4t} & 1 + \sqrt{1+4t} \\ 2t & 2t \end{pmatrix}$$

を用いれば具体的に求めることができるが，必要なのは極限であることを思い出せば，それほど面倒な計算は必要はない．

$$t = e^{\beta(\mu - \phi_1)}$$

とおいて，考えれば

$$\frac{1 + \sqrt{1 + 4e^{\beta(\mu - \phi_1)}}}{2}$$

のみが残るので，圧力は

$$\beta p(\beta, \mu) = \log \frac{1 + \sqrt{1 + 4e^{\beta(\mu - \phi_1)}}}{2}$$

であることがわかる．

ミクロカノニカルアンサンブルは

$$(1,1) M_t^{N-1} \begin{pmatrix} 1 \\ t \end{pmatrix}$$

の t^n の係数から求めることができ，M_t^N の各成分の t^n の係数が各種の外部状態のカノニカルアンサンブルに対応している．実際，今考えている系では外部状態のうち，内部に影響を与えるのは両端に接している 2 つの状態のみに依存する．(0,0) 成分が両端が 0 の場合に対応している．

2.2.6 一般のマルコフ型

隣りの分子同士には相互作用のある場合には，行列

$$M_{s,t} = \begin{matrix} & 0 & 1 \\ 0 & \\ 1 & \end{matrix}\begin{pmatrix} 1 & 1 \\ s & t \end{pmatrix}$$

を考えればよい．$t=0$ として，隣りに分子が入ることを禁止したのが前項の場合である．一般化しても，この固有値は

$$\frac{t+1 \pm \sqrt{(t-1)^2 + 4s}}{2}$$

で与えられる．$s=1$ かつ $t=e^{-\beta\phi_2}$ とおけば，隣り合う分子同士のポテンシャルが ϕ_2 である場合に対応し，$s=e^{\beta\mu}$，$t=e^{\beta(\mu-\phi_2)}$ とおけば化学ポテンシャルが μ の場合に対応する．1体ポテンシャル ϕ_1 を考慮に入れたければ μ の代わりに $\mu - \phi_1$ を考えればよいが，容易にわかるように基本的な変化はない．固有値のうち熱力学極限に対応するのは絶対値の大きいほう，すなわち

$$\frac{t+1 + \sqrt{(t-1)^2 + 4s}}{2}$$

である．より一般に分子が複数種類あり，隣りの分子との間にのみ相互作用のある場合に拡張するのは容易である．

2.2.7 イジングモデル

隣りとのみ相互作用があるスピンモデルを考えよう．s_i で位置 i でのスピンの状態，すなわち，i で上向きなら $s_i = +1$，下向きなら $s_i = -1$ とする．ポテンシャルが

$$U(s_0, \ldots, s_{N-1}) = J \sum_{i=0}^{N-2} s_i s_{i+1}$$

の形をしているとき，イジングモデルという．$J>0$ のときにはスピンが揃いやすくなる．このときにフェロマグネティックという．それに対して，$J<0$

のときにはスピンは交互になりやすくなり，アンチフェロマグネティックという．このモデルに対応する行列は

$$M_J = \begin{matrix} & + & - \\ + \\ - \end{matrix} \begin{pmatrix} e^{\beta J} & e^{-\beta J} \\ e^{-\beta J} & e^{\beta J} \end{pmatrix}$$

で，この固有値は

$$e^{\beta J} \pm e^{-\beta J}$$

であるので，圧力は

$$\beta p(\beta) = \log(e^{\beta J} + e^{-\beta J})$$

で与えられることがわかる．

2.2.8 一般の場合

今までは 1 体ポテンシャルと，隣りのみに影響を受ける 2 体ポテンシャル (nearest neighbor という) を考えてきた．ここでは一般化について考えてみよう．たとえば，2 体ポテンシャルが隣りだけでなく，その隣りにまで及ぶ場合，もしくは隣り合う 3 つの分子の間に 3 体ポテンシャルが影響する場合には，座標を 2 つずつペアにして，(q_i, q_{i+1}) を 1 つの座標と考えることにする．スピン系ならば，状態は $(+,+)$, $(+,-)$, $(-,+)$, $(-,-)$ の 4 つ．分子の場合には $(1,1)$, $(1,0)$, $(0,1)$, $(0,0)$ の 4 つと考えれば，隣り合う位置の間にだけ作用する 2 体ポテンシャルのみの場合に帰着できる．より，一般の場合でも，ある M があって M 体以上のポテンシャルは影響を与えず，さらに $k < M$ についても，$(i_1, \ldots, i_k)$ の k ポテンシャルが $i_{j+1} - i_j > L$ ならば 0 になるような L がある，すなわちポテンシャルの及ぶ範囲が有界である (finite range という) 場合には，同じ考え方で隣りのみが影響する 2 体ポテンシャルしかない場合に帰着できることがわかる．

2.3 1次元連続系

煩雑さを避けるために1次元の場合を考えるが，記号を変えることなくそのまま高次元の場合に適用できるものも少なくない．以下では $V \subset \mathbb{R}$ の長さ（2次元なら面積，3次元なら体積）を $|V|$ で表す．格子系と同様に平行移動をしても変わらないので，V としては $[0, N]$ を通常は考えることにする．

はじめに現実的ではないが，議論が単純になるようにポテンシャルは正の値のみをとると考える．

2.3.1 ミクロカノニカルアンサンブルの熱力学的極限

まず，格子系と同様に配置の空間だけの場合を考えよう．それには位置エネルギーだけを考えればよいことになる．空間 V に n 個の分子があって，全体のエネルギーが E に等しい配置を考えよう．前に定義したように，δ^- で $(-\infty, 0)$ の定義関数を表す．デルタ関数では扱いづらいので，この δ^- で考えよう．このとき，ミクロカノニカル分配関数は

$$\Omega(V, n, E) = \frac{1}{n!} \int_{V^n} \delta^-(U(q_1, \ldots, q_n) - E)\, dq_1 \cdots dq_n$$

に対して，配置のエントロピーを

$$S(V, n, E) = \log \Omega(V, n, E)$$

で定義する．

この定義をもとにして，エントロピーを定めたときにエネルギーを与える逆関数 $E(V, n, S)$ を考えると

命題 2.1 n をとめたとき，$E(V, n, S)$ は

(1) S の増加関数

(2) V の減少関数

になる．

証明. V と n を止めて考えると，$\Omega(V,n,E)$ が増加するには E が増加する必要がある．このことから E は S の増加関数であることがわかる．また，V が増加すると $\Omega(V,n,E)$ が増加するので，$\Omega(V,n,E)$ を一定に保つには E が減少する必要がある．このことから命題の証明が終わる． □

補題 2.1 $V_1 \cap V_2 = \emptyset$ なら

$$E(V_1 \cup V_2, n_1 + n_2, S_1 + S_2) \leq E(V_1, n_1, S_1) + E(V_2, n_2, S_2)$$

証明. $q_1, \ldots, q_{n_1} \in V_1$, $q'_1, \ldots, q'_{n_2} \in V_2$ が

$$U(q_1, \ldots, q_{n_1}) \leq E_1, \qquad U(q'_1, \ldots, q'_{n_2}) \leq E_2$$

とする．このとき，V_1 と V_2 をばらばらに考えると，両者にまたがるポテンシャルをカウントしないことになるので，ポテンシャルが正であるとしたことを用いると

$$U(q_1, \ldots, q_{n_1}, q'_1, \ldots, q'_{n_2}) \leq U(q_1, \ldots, q_{n_1}) + U(q'_1, \ldots, q'_{n_2}) \leq E_1 + E_2$$

$V = V_1 \cup V_2$, $n = n_1 + n_2$, $E = E_1 + E_2$ と表そう．

$$\begin{aligned}
\Omega(V,n,E) &= \frac{1}{n!} \int_{V^n} \delta^-(U(q_1,\ldots,q_n) - E)\, dq_1 \ldots dq_n \\
&\geq \frac{1}{n_1!} \int_{V_1^n} \delta^-(U(q_1,\ldots,q_{n_1}) - E_1)\, dx_1 \ldots dq_{n_1} \\
&\quad \times \frac{1}{n_2!} \int_{V_2^n} \delta^-(U(q'_1,\ldots,q'_{n_2}) - E_2)\, dq'_1 \ldots dq'_{n_2}
\end{aligned}$$

より，両辺の対数をとれば

$$S(V,n,E) \geq S(V_1, n_1, E_1) + S(V_2, n_2, E_2) \tag{2.1}$$

が導ける．この逆関数を考えることで証明が終わる． □

準備ができたので，熱力学的極限を考えよう．単位体積あたりの分子数とエネルギーを一定に保って $V = [0, N]$ を $\mathbb{R}$ 全体に広げることにする．単位あたりの分子数を ρ, エントロピーを s, エネルギーを ε としよう．すなわち

$$\frac{n}{N} \to \rho$$

$$\frac{1}{N} S(V, n, Ne) \to s$$

$$\frac{1}{N} E(V, n, Ns) \to \varepsilon$$

とする．まず，単位体積あたりのエントロピーについて次の評価が成り立つ．

補題 2.2 ε の値に関わらず $s(\rho, \varepsilon)$ は存在して

$$s(\rho, \varepsilon) \leq \rho - \rho \log \rho$$

が成り立つ．さらに

$$\varepsilon < \limsup_{N \to \infty} \inf_{0 \leq q_1, \ldots, q_n \leq N} \frac{U(q_1, \ldots, q_n)}{N}$$

が成り立つならば，$s(\rho, \varepsilon) = -\infty$ である．

証明． (2.1) から

$$a_N = S(V, N\rho, N\varepsilon)$$

とおくと

$$a_{N+M} \geq a_N + a_M$$

であるので，補題 6.1(p.199) の仮定をみたすことから

$$\lim_{N \to \infty} \frac{a_N}{N} = \sup_{N \geq 1} \frac{a_N}{N}$$

により極限の存在が言えて

$$\begin{aligned} s(\rho, \varepsilon) &= \lim_{|V| \to \infty} \frac{1}{|V|} S(V, N\rho, N\varepsilon) \\ &= \sup_{N \geq 1} \frac{1}{N} S(V, N\rho, N\varepsilon) \end{aligned}$$

により，エントロピーの存在が言える．
$$\int_{V^n} \delta^-(U(q_1,\ldots,q_n) - E)\, dq_1\cdots dq_n \le |V|^n$$
およびスターリングの公式より，十分大きな n について
$$\begin{aligned}S(V,n,E) &\le \log\frac{e^n}{n^n}|V|^n \\ &= n - n\log\frac{n}{|V|}\end{aligned}$$
が成り立つ．両辺を $|V|$ でわって極限をとれば，補題 2.2 の式を得る．

$$\varepsilon < \limsup_{N\to\infty}\inf_{0\le q_1,\ldots,q_n\le N}\frac{U(q_1,\ldots,q_n)}{N}$$
ならば，正の整数の単調増加列 $N_1 < N_2 < \cdots$ で
$$U(q_1,\ldots,x_{N_i\rho}) > N_i\varepsilon$$
が成り立つ．
$$\Omega(V, N\rho, N\varepsilon) = \frac{1}{(N\rho)!}\int_{V^{N\rho}}\delta^-(U(q_1,\ldots,q_{N\rho}) - N\varepsilon)\, dq_1\cdots dq_{N\rho}$$
は $N = N_i$ のときには 0 に等しくなる．したがって，エントロピーは $-\infty$ になる． □

$$b_N = E([0,N], N\rho, Ns)$$
とおけば，補題 2.1 によって，$[0, N+M]$ には平行移動した $[0, N]$ と $[0, M]$ が入ることと，平行移動でエネルギーは変わらないので
$$b_N + b_M \ge b_{N+M}$$
を得る．すなわち，$\{b_N\}_{N\ge 1}$ は補題 6.1 の仮定をみたすので，極限
$$\lim_{N\to\infty}\frac{b_N}{N} = \inf\frac{b_N}{N}$$
が存在する．このことから，単位体積あたりのエネルギー $\varepsilon(\rho, s)$ は
$$\varepsilon(\rho, s) = \inf\frac{E(V, N\rho, Ns)}{N}$$
によって定まる．

デルタ関数について

本来，ミクロカノニカルアンサンブルでは，デルタ関数で考えるべきところをこれまでは $(-\infty, 0)$ の定義関数 δ^- で代用してきた．これを $\Delta > 0$ について $(-\Delta, 0)$ の定義関数 δ^Δ に変えて考え直してみよう．最終的には $\Delta \to 0$ を考えれば本来の趣旨であるデルタ関数の場合に対応することになる．

$$\Omega^\Delta(V, n, E) = \frac{1}{n!} \int_{V^n} \delta^\Delta(U(q_1, \ldots, q_n) - E)\, dq_1 \cdots dq_n$$

とおけば

$$\Omega(V, n, E) = \Omega^\Delta(V, n, E) + \Omega(V, n, E - \Delta)$$

をみたす．$\Delta = n\delta$ とおこう．命題 2.1 により，エネルギーはエントロピーの増加関数なので，エントロピーもエネルギーの増加関数となり，$s(\rho, \varepsilon - \delta) < s(\rho, \varepsilon)$ をみたす．上の等式から

$$\begin{aligned}
\Omega^\Delta(V, n, E) &= \Omega(V, n, E) - \Omega(V, n, E - \Delta) \\
&= \Omega(V, n, E)\left(1 + \frac{\Omega(V, n, E - \Delta)}{\Omega(V, n, E)}\right) \\
&\sim \Omega(V, n, E)\left(1 + e^{N(s(\rho, \varepsilon - \delta) - s(\rho, \varepsilon))}\right)
\end{aligned}$$

であるから

$$\lim_{N \to \infty} \frac{1}{N} \log \Omega^\Delta(V, N\rho, N\varepsilon) = s(\rho, \varepsilon)$$

をみたさなければならない．したがって，エントロピーの計算は δ^- でも δ^Δ でも等しくなるので，デルタ関数の代わりに δ^- を用いても構わないことがわかる．

エネルギーが $E - \Delta E$ から E にある状態の数を W で表すと，

$$W(E) = \Omega(V, N, E) - \Omega(V, N, E - \Delta)$$

であることから，エントロピーは

$$S = \log W(E)$$

と表される．ボルツマンの墓碑に従えば

$$S = k \log W$$

と表すのが物理の伝統に沿っているのだが，この本ではボルツマン定数を省いているので上の表現になる．

2.3.2 運動エネルギーも考える

2.3.1 項では位置エネルギーのみを考えた．運動エネルギーも入れると

$$\Omega(V, n, E)$$
$$= \frac{1}{n!} \int_{\mathbb{R}^n} \int_{V^n} \delta^{-} \left(\sum_{i=1}^{n} \frac{p_i^2}{2m} + U(q_1, \ldots, q_n) - E \right) dp_1 \cdots dp_n dq_1 \cdots dq_n$$

となる．これを運動エネルギーのパート

$$\Omega_{\text{kinetic}}(V, n, E) = \frac{1}{n!} \int_{\mathbb{R}^n} \delta^{-} \left(\sum_{i=1}^{n} \frac{p_i^2}{2m} - E \right) dp_1 \cdots dp_n$$

と位置エネルギーのパート

$$\Omega_{\text{config}}(V, n, E) = \frac{1}{n!} \int_{V^n} \delta^{-} \left(U(q_1, \ldots, q_n) - E \right) dq_1 \cdots dq_n$$

に分けると，

$$\Omega(V, n, E) = \int \Omega_{\text{kinetic}}(V, n, t) \times \Omega_{\text{config}}(V, n, E - t) \, dt \qquad (2.2)$$

をみたす．運動エネルギーのパートは形からみても正規分布を思い起こさせるように，本質的な複雑さを招くようなことはないので，2.3.1 項を丁寧になぞっていけばよい．

ここで熱力学的極限を考えよう．運動エネルギーの部分のエントロピーと位置エネルギーの部分のエントロピーに分けると

$$s_{\text{kinetic}}(\rho, \varepsilon) = \lim_{N \to \infty} \frac{1}{N} \log \Omega_{\text{kinetic}}([0, N], N\rho, N\varepsilon)$$
$$s_{\text{config}}(\rho, \varepsilon) = \lim_{N \to \infty} \frac{1}{N} \log \Omega_{\text{config}}([0, N], N\rho, N\varepsilon)$$

と定義しよう．$s_{\mathrm{config}}(\rho,\varepsilon)$ の存在は既に示した．運動エネルギーの部分のエントロピーは

$$
\begin{aligned}
s_{\mathrm{kinetic}}(\rho,\varepsilon) &= \lim_{N\to\infty} \frac{1}{N} \log \Omega_{\mathrm{kinetic}}([0,N], N\rho, N\varepsilon) \\
&= \lim_{N\to\infty} \frac{1}{N} \log \int_{\mathbb{R}^n} \delta^-\left(\sum_{i=1}^n \frac{p_i^2}{2m} - N\varepsilon\right) dp_1 \cdots dp_n \\
&= \lim_{N\to\infty} \frac{1}{N} \log \int_{p_1^2+\cdots+p_{N\rho}^2 \leq 2mN\varepsilon} dp_1\, dp_2 \cdots dp_n
\end{aligned}
$$

$\log$ の中身は半径 $\sqrt{2mN\varepsilon}$ の次元 $N\rho$ の球の体積であり，d 次元の半径 r の体積は

$$\pi^{d/2} r^d \frac{1}{\Gamma\left(\frac{d}{2}+1\right)}$$

である．ここで $\Gamma(x)$ はガンマ関数で

$$\Gamma(x) = \int_0^\infty t^{z-1} e^{-t}\, dt$$

で定義されるが基本的に $\Gamma(x+1) = x!$ と思ってよいので，これとスターリングの公式を用いると

$$
\begin{aligned}
\pi^{N\rho}(\sqrt{2mN\varepsilon})^{N\rho} \frac{1}{\Gamma(N\rho+1)} &\sim \pi^{N\rho}(2mN\varepsilon)^{N\rho/2}(N\rho)^{-N\rho}\exp[N\rho] \\
&= \left(\frac{2\pi m\varepsilon}{\rho}\right)^{N\rho/2} \exp[N\rho]
\end{aligned}
$$

であるから，

$$
\begin{aligned}
s_{\mathrm{kinetic}}(\rho,\varepsilon) &= \lim_{N\to\infty} \frac{1}{N} \log\left[\left(\frac{2\pi m\varepsilon}{\rho}\right)^{N\rho/2}\exp[N\rho]\right] \\
&= \rho\left[\frac{1}{2}\log\frac{2\pi m\varepsilon}{\rho} + 1\right]
\end{aligned}
$$

全体のエントロピーを考えよう．極限をとって

$$s(\rho,\varepsilon) = \lim_{N\to\infty} \frac{1}{N} \log \Omega([0,N], N\rho, N\varepsilon)$$

と定義する．以下ではこの極限の存在を

$$s_*(\rho,\varepsilon) = \sup_{0\leq t\leq \varepsilon} (s_{\text{kinetic}}(\rho,t) + s_{\text{config}}(\rho,\varepsilon-t))$$

とおいて

$$s_*(\rho,\varepsilon) = s(\rho,\varepsilon)$$

をみたすことで証明しよう．

　任意の $\delta > 0$ を1つ選ぼう．定義より，ある $0 \leq t \leq E$ が存在して

$$s_*(\rho,\varepsilon) - \delta \leq s_{\text{kinetic}}(\rho,t) + s_{\text{config}}(\rho,\varepsilon-t)$$

をみたす．

$$\frac{1}{N}\log\Omega_{\text{kinetic}}(V,N\rho,Nt) \to s_{\text{kinetic}}(\rho,t)$$
$$\frac{1}{N}\log\Omega_{\text{config}}(V,N\rho,N(\varepsilon-t)) \to s_{\text{config}}(\rho,\varepsilon-t) \qquad (2.3)$$

かつ，左辺は t について連続であるので，ある $t_1 < t_2$ が存在して $t \in (t_1,t_2)$ について

$$s_*(\rho,\varepsilon) - \delta \leq \frac{1}{N}\log\Omega_{\text{kinetic}}(V,N\rho,Nt)\Omega_{\text{config}}(V,N\rho,N(\varepsilon-t))$$

をみたす．(2.2) に代入すると

$$\Omega(V,N\rho,N\varepsilon) \geq \int_{t_1}^{t_2} e^{N(s_*(\rho,\varepsilon)-\delta)}dt$$

したがって

$$\liminf_{N\to\infty} \frac{1}{N}\log\Omega(V,N\rho,N\varepsilon) \geq s_*(\rho,\varepsilon) - \delta$$

を得る．$\delta > 0$ は任意であるから

$$\liminf_{N\to\infty} \frac{1}{N}\log\Omega(V,N\rho,N\varepsilon) \geq s_*(\rho,\varepsilon) \qquad (2.4)$$

を得る．逆の不等式を示そう．再び任意の $\delta > 0$ を1つ選ぶ．

$$s_*(\rho,\varepsilon) + 2\delta \geq s_{\text{kinetic}}(\rho,t) + s_{\text{config}}(\rho,\varepsilon-t)$$

がすべての $0 \leq t \leq \varepsilon$ で成り立つ．また，(2.3) の収束は t について一様であるから，

$$s_*(\rho, \varepsilon) + \delta \geq \frac{1}{N} \log \Omega_{\text{kinetic}}(V, N\rho, Nt) + \frac{1}{N} \log \Omega_{\text{config}}(V, N\rho, N(\varepsilon - t))$$

が十分大きな N について成立する．したがって，

$$\begin{align*}
\Omega(V, N\rho, N\varepsilon) &= \int_0^E \Omega_{\text{kinetic}}(V, N\rho, \tau) \Omega_{\text{config}}(V, N\rho, E - \tau) \, d\tau \\
&= N \int_0^\varepsilon \Omega_{\text{kinetic}}(V, N\rho, Nt) \Omega_{\text{config}}(V, N\rho, N(\varepsilon - t)) \, dt \\
&\leq N\varepsilon \times e^{(s_*(\rho, \varepsilon) + \delta)N}
\end{align*}$$

以上より，

$$\limsup_{N \to \infty} \frac{1}{N} \log \Omega(V, N\rho, N\varepsilon) \leq s_*(\rho, \varepsilon) + \delta$$

再び $\delta > 0$ は任意なので

$$\limsup_{N \to \infty} \frac{1}{N} \log \Omega(V, N\rho, N\varepsilon) \leq s_*(\rho, \varepsilon) \tag{2.5}$$

を得る．(2.4) と (2.5) により，

$$s(\rho, \varepsilon) = \lim_{N \to \infty} \frac{1}{N} \log \Omega(V, N\rho, N\varepsilon)$$

の存在と

$$s(\rho, \varepsilon) = \sup_{0 \leq t \leq \varepsilon} \left(s_{\text{kinetic}}(\rho, t) + s_{\text{config}}(\rho, \varepsilon - t) \right)$$

が示せた（図 2.5）．

2.3.3　カノニカルアンサンブル

カノニカル分配関数は

$$\frac{1}{n!} \int_{\mathbb{R}^n} \int_{V^n} \exp \beta \left[-\sum_{i=1}^n \frac{p_i^2}{2m} - U(x_1, \ldots, x_n) \right] dp_1 \cdots dp_n dq_1 \cdots dq_n$$

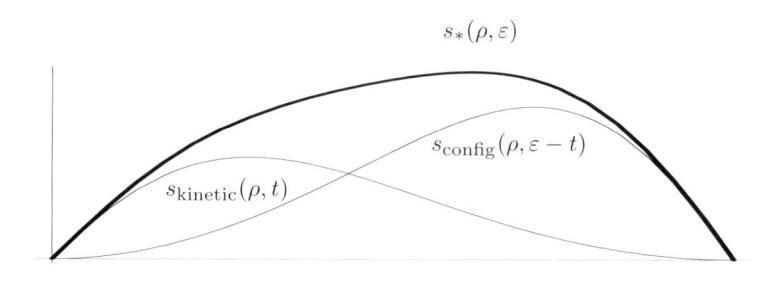

図 2.5 運動と位置のエントロピー

$$= \int_{\mathbb{R}^n} \exp\beta\left[-\sum_{i=1}^{n}\frac{p_i^2}{2m}\right] dp_1\cdots dp_n \times Q(V,n,\beta)$$
$$= \left(\frac{2\pi m}{\beta}\right)^{n/2} Q(V,n,\beta)$$

ここで
$$Q(V,n,\beta) = \frac{1}{n!}\int_{V^n} \exp[-\beta U(q_1,\ldots,q_n)]\, dq_1\cdots dq_n$$
である.

熱力学的極限を考えよう. 自由エネルギーは
$$f(\rho,\beta) = -\frac{1}{\beta}\lim_{N\to\infty}\frac{1}{N}\log Q(V,N\rho,\beta)$$
で与えられる.

この極限の存在は変分原理を用いて証明される. このことは次の章で議論しよう.

2.3.4 グランドカノニカルアンサンブル

グランドカノニカル分配関数は
$$\Xi(V,\beta,\mu) = \sum_{n=0}^{\infty} e^{n\beta\mu} Q(V,n,\beta)$$

で与えられる．そこで

$$p(\beta,\mu) = \frac{1}{\beta} \lim_{N\to\infty} \frac{1}{N} \log \Xi(V,\beta,\mu)$$

とおいて，$p(\beta,\mu)$ を圧力とよぶ．この極限の存在も次の章で議論しよう．

2.3.5 ポテンシャルと次元の一般化

これまでは煩わしい評価を避けるために，ポテンシャルは正の値のみをとる場合で，さらに1次元の力学系を考えてきた．ここではそれらの条件を緩めるにはどのような注意が必要かを考えてみよう．以降では配置の空間は $\mathbb{R}^\nu$ または $\mathbb{Z}^\nu$ $(\nu \geq 1)$ とする．ポテンシャルも1体ポテンシャルは化学ポテンシャルと本質的に同じなので，記号が煩雑になるのを避けるために2体ポテンシャルしかない場合を考えることにする．

離れた系の間のポテンシャルをなるべく簡単な形で評価する必要がある．そのために分子を2グループに分けたときの，個々のグループのポテンシャルとグループ間の相互作用に相当するポテンシャルに分けてみよう．

$$\begin{aligned}U(q_1,\ldots,q_n,q'_1,\ldots,q'_m) &= U(q_1,\ldots,q_n) + U(q'_1,\ldots,q'_m) \\ &\quad + W(q_1,\ldots,q_n,q'_1,\ldots,q'_m)\end{aligned}$$

$U(q_1,\ldots,q_n)$ と $U(q'_1,\ldots,q'_m)$ が $q_1,\ldots,q_n$ 間のポテンシャルと $q'_1,\ldots,q'_m$ 間のポテンシャルであり，$W(q_1,\ldots,q_n,q'_1,\ldots,q'_m)$ がグループ間の相互作用に相当する．今までは，ポテンシャルが正の値のみをとる場合を考えてきたので，相互作用の部分を無視すると全体のポテンシャルに関する不等式が得られて，これを用いてさまざまな評価を得てきた．一般の場合にも，今までのような評価を得るためにはポテンシャルに何らかの仮定が必要である．

定義 2.1 定数 R_0 と A と $\lambda > \nu$ が存在して，$\max|q_i - q'_j| \geq r > R_0$ ならば

$$|W(q_1,\ldots,q_n,q'_1,\ldots,q'_m)| \leq Anmr^{-\lambda}$$

をみたすとき，穏やか (tempered) であるという．

この条件は若干不自然な仮定に思える．より自然な仮定としては

定義 2.2 ある定数 $B \geq 0$ が存在して任意の配置 $q_1, \ldots, q_n$ について，
$$U(q_1, \ldots, q_n) \geq -nB$$
をみたすとき安定ポテンシャルという．

グランドカノニカル分配関数は

$$\begin{aligned}
\Xi(V, \beta, \mu) &= \sum_{n=0}^{\infty} e^{n\beta\mu} Q(V, n, \beta) \\
&= \sum_{n=0}^{\infty} \frac{1}{n!} e^{n\beta\mu} \int_{V^n} \exp[-\beta U(q_1, \ldots, q_n)] \, dq_1 \cdots dq_n \\
&\leq \sum_{n=0}^{\infty} \frac{1}{n!} e^{n\beta\mu} |V|^n e^{n\beta B} \\
&\leq \exp\left[|V| e^{\beta(\mu+B)}\right]
\end{aligned}$$

である．したがって

$$\left| \frac{1}{|V|} \log \Xi(V, \beta, \mu) \right| \leq e^{\beta(\mu+B)}$$

であるので，V を全空間に広げたときに有界であることを示すことができる．

定理 2.1 U が $\Phi(-x) = \Phi(x)$ をみたす上半連続なポテンシャル Φ のみで定まる

$$U(q_1, \ldots, q_n) = \sum_{1 \leq i < j \leq n} \Phi(q_i - q_j)$$

としよう．このとき，次の 3 条件は同値である．

(1) U は安定ポテンシャルである．すなわち，ある $B \geq 0$ が存在して
$$U(q_1, \ldots, q_n) \geq -nB$$

(2)
$$\sum_{i=1}^{n} \sum_{j=1}^{n} \Phi(q_i - q_j) \geq 0$$

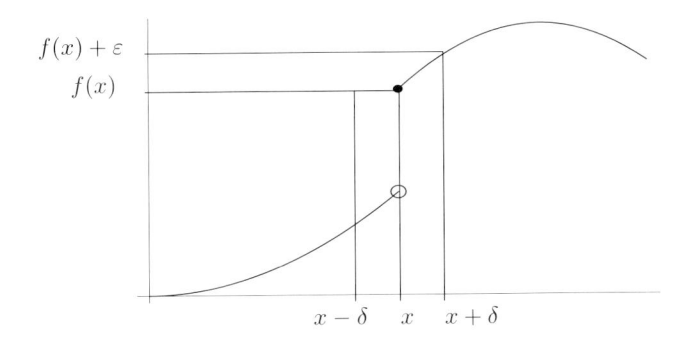

図 2.6 上半連続だが連続でない例

(3) $\Xi(V,\beta,\mu)$ はすべての V について収束する.

ここで関数 f が x で上半連続であるとは,任意の $\varepsilon>0$ について,$\delta>0$ が存在して,$|x-x'|<\delta$ なら $f(x')<f(x)+\varepsilon$ をみたすことである(図 2.6).同様に下半連続であるとは,任意の $\varepsilon>0$ について,$\delta>0$ が存在して,$|x-x'|<\delta$ なら $f(x')>f(x)-\varepsilon$ をみたすことである.ちなみに f が x で連続とは,任意の $\varepsilon>0$ について,ある $\delta>0$ が存在して,$|x-x'|<\delta$ なら $|f(x')-f(x)|<\varepsilon$ をみたす,すなわち,上半連続かつ下半連続なことである.

定理 2.1 の 証明. (2) から (1) を示そう.

$$\begin{aligned}\sum_{i,j=1}^n \Phi(q_i-q_j) &= n\Phi(0) + 2\sum_{1\leq i<j\leq n}\Phi(q_i-q_j) \\ &= n\Phi(0) + 2U(q_1,\ldots,q_n)\end{aligned}$$

であるから,左辺が正なことより

$$U(q_1,\ldots,q_n) \geq -\frac{n}{2}\Phi(0)$$

をみたすので,$B=\frac{1}{2}\Phi(0)$ とおけばよい.

(1) から (3) は

$$\Xi(V,\beta,\mu) \leq \exp\left[|V|e^{\beta(\mu+B)}\right]$$

から明らかである.

(3) から (2) を背理法で示そう．ある n と $q_1,\ldots,q_n$ が存在して

$$\sum_{i,j=1}^{n}\Phi(q_i-q_j)<0$$

としよう．この左辺の値を $-A<0$ とする．

Φ が上半連続であるから，$(q_1,\ldots,q_n,q_1',\ldots,q_n')$ について

$$\sum_{i=1}^{n}\sum_{j=1}^{n}\Phi(q_i-q_j')$$

も上半連続である．したがって，ある $\delta>0$ が存在して，$1\leq i\leq n$ について $|q_i-q_i'|<\delta$ かつ $|q_i-q_i''|<\delta$ が成り立つならば

$$\sum_{i=1}^{n}\sum_{j=1}^{n}\Phi(q_i'-q_j'')<-\frac{A}{2}<0$$

が成り立つ．ここで

$$V=\bigcup_{i=1}^{n}\{q'\in\mathbb{R}^\nu:|q_i'-q_i|<\delta\}$$

とおいて

$$M_s=\{q'\in V^s:|q_{kn+i}'-q_i|<\delta,0\leq k<s,1\leq i\leq n\}$$

とおくと，$q'\in M_s$ について

$$\begin{aligned}
U(q') &= U(q_1',\ldots,q_{sn}')=\sum_{1\leq i<j\leq sn}\Phi(q_i'-q_j')\\
&= \frac{1}{2}\Big[\sum_{i,j=1}^{sn}\Phi(q_i'-q_j')-sn\Phi(0)\Big]\\
&= \frac{1}{2}\Big[\sum_{k=0}^{s-1}\sum_{l=0}^{s-1}\sum_{i=kn+1}^{(k+1)n-1}\sum_{j=ln+1}^{(l+1)n-1}\Phi(q_i'-q_j')-sn\Phi(0)\Big]\\
&\leq \frac{1}{2}\Big[-s^2\frac{A}{2}-sn\Phi(0)\Big]
\end{aligned}$$

であるので

$$\begin{aligned}
\Xi(V,\beta,\mu) &\geq \sum_{s=0}^{\infty} \frac{e^{sn\beta\mu}}{(sn)!} \int_{M_S} \exp[-\beta U(q_1',\ldots,q_{sn}')]\, dq_1'\cdots dq_{sn}' \\
&\geq \sum_{s=0}^{\infty} \frac{e^{sn\beta\mu}}{(sn)!} \exp\left[\frac{\beta}{2}\left\{s^2\frac{A}{2}+sn\Phi(0)\right\}\right]|M_s| \\
&= \sum_{s=0}^{\infty} \frac{1}{(sn)!} \exp\left[\beta\left\{s^2\frac{A}{4}+sn(\mu+\frac{\Phi(0)}{2})\right\}\right]|M_s|
\end{aligned}$$

$|M_s|$ は半径 δ の次元 sn の球の体積より大きいことに注意しよう．

$$\frac{a^{n^2}}{n!} \sim \left(\frac{a^n}{n}\right)^n$$

より，上の和は発散する．したがって，収束するならば (2) が成り立つことがわかる． □

安定ポテンシャルには以下のようなものがある．

定理 2.2 以下の仮定の 1 つをみたせばポテンシャルは安定である．

(1) 半径 $R>0$ の核をもち，任意の n と $q_1,\ldots,q_n$ で $|q_i-q_j|>R$ $(i\neq j)$ であるときに

$$\sum_{i=1}^{n} \Phi(q_i) \geq -B$$

をみたす．

(2) $\Phi=\Phi_1+\Phi_2$ と分解できて

   (a) Φ_1 は正

   (b) Φ_2 は非負定値

関数 f が非負定値であるとは，任意の整数 n, $x_1,\ldots,x_n\in\mathbb{R}$ と $z_1,\ldots,z_n\in\mathbb{C}$ について

$$\sum_{i,j=1}^{n} z_i\overline{z_j} f(x_i-x_j) \geq 0 \qquad (2.6)$$

をみたすことである. つまり, 行列

$$F = \begin{pmatrix} f(0) & f(x_1 - x_2) & \cdots & f(x_1 - x_n) \\ f(x_2 - x_1) & f(0) & \cdots & f(x_2 - x_n) \\ \vdots & \vdots & \ddots & \\ f(x_n - x_1) & f(x_n - x_2) & \cdots & f(0) \end{pmatrix}$$

とおくと, (2.6) は

$$\left(F \begin{pmatrix} z_1 \\ \vdots \\ z_n \end{pmatrix}, \begin{pmatrix} z_1 \\ \vdots \\ z_n \end{pmatrix} \right) \geq 0$$

と表せるので, 行列 F のすべての固有値が非負であることと同値である.

定理 2.2 の証明. (1) U をポテンシャルに分解して

$$U(q_1, \ldots, q_n) = \frac{1}{2} \sum_{i=1}^{n} \sum_{j \neq i} \Phi(q_j - q_i) \geq -\frac{1}{2} n B$$

であることからわかる.

(2)

$$\begin{aligned} U(q_1, \ldots, q_n) &= \sum_{i,j=1}^{n} \Phi_1(q_i - q_j) + \sum_{i,j=1}^{n} \Phi_2(q_i - q_j) \\ &\geq \sum_{i,j=1}^{n} \Phi_2(q_i - q_j) \end{aligned}$$

であり, 右辺は非負定値の定義で $z_1 = \cdots = z_n = 1$ と選んだ場合である. □

また証明は複雑になるが

$0 < a_1 < a_2$ と正値の減少関数 ϕ_1 と ϕ_2 で

$$\int_0^{a_1} \phi_1(t) t^{\nu-1} \, dt < \infty, \quad \int_{a_2}^{\infty} \phi_2(t) t^{\nu-1} \, dt < \infty$$

をみたすとき

$$\Phi(q) \geq \begin{cases} \phi_1(|q|) & |x| \leq a_1 \\ -\phi_2(|q|) & |q| \geq a_2 \end{cases}$$

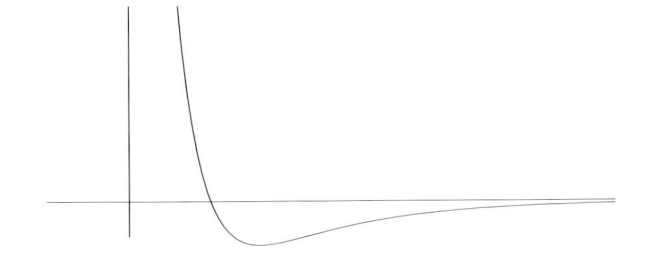

図 **2.7** レナード・ジョーンズ ポテンシャル

が成り立つポテンシャルも安定になることが示せる．これを用いると核のある場合には a_1 を核の大きさ R として，

$$\Phi(q) \geq -\phi_2(|q|), \qquad |q| \geq R$$

をみたす正値の減少関数 ϕ_2 の存在を示せば，ポテンシャルが安定であることがわかる．同様にこの条件によって安定であることがわかるのは，レナード・ジョーンズ (Leonard–Jones) ポテンシャルとよばれる，λ を次元より大きな定数としたときに $\phi_1(|q|) = \phi_2(|q|) = |q|^{-\lambda}$ で与えられるタイプである．またこのポテンシャルが穏やかであることは上の定義より従う．典型的なタイプを図 2.7 に示しておく．

カノニカルアンサンブルでは

命題 2.2 U が安定なポテンシャルならば

$$E(V, n, S) \geq -nB$$

証明． $E < -nB$ ならば，$U(q_1, \ldots, q_n) - E > 0$ であるので，この場合には $\Omega(V, n, E) = 0$ になる．したがって，$S = -\infty$ になるので，$E < -nB$ であることはない． □

1 次元では有限集合 V が全空間に広がるには特別な注意を払う必要はない．空間は一様であるから $[0, N)$ が $[0, \infty)$ に広がる場合だけを考えればよく，それは単に $N \to \infty$ ととるだけである．そうしたことから，熱力学的極限をとる場合にも素朴に極限をとるだけですんでいた．しかし，2 次元以上では全空間に広がる方法は多様にあり，そのすべての方法について極限が一致するように考えるのは窮屈になる．そこで，自然な広がり方について考えてみよう．一般的によく使われるのは 2 通りある．

定義 2.3 (1) $\boldsymbol{a} \in \mathbb{R}^\nu$ について，$V(\boldsymbol{a})$ で原点と $\boldsymbol{a}$ で作られる長方形を表すことにしよう．$V \subset \mathbb{R}^\nu$ がファン ホーベ (van Hove) の意味で無限大にいくというのは，任意の $\boldsymbol{a} \in \mathbb{R}^\nu$ について

$$\lim_V \#\{\boldsymbol{n} \in \mathbb{Z}^\nu : V \supset V(\boldsymbol{a}) + n\boldsymbol{a}\} = \infty$$

$$\lim_V \frac{\#\{\boldsymbol{n} \in \mathbb{Z}^\nu : V \supset V(\boldsymbol{a}) + n\boldsymbol{a}\}}{\#\{\boldsymbol{n} \in \mathbb{Z}^\nu : V \cap V(\boldsymbol{a}) + n\boldsymbol{a} \neq \emptyset\}} = 1$$

が成り立つことである．ただし，$\#A$ は集合 A の元の数を表す．

(2) $d(V)$ で V の直径，すなわち V に属する 2 点の最大距離を表すことにする．V がフィッシャー (Fisher) の意味で無限大にいくとは，$\lim_{\alpha \to 0} \pi(\alpha) = 0$ をみたす関数 π が存在して

$$\frac{|\{\boldsymbol{x} \in V^c : |\boldsymbol{x} - \boldsymbol{y}| < \alpha d(V) \, \exists \boldsymbol{y} \in V\}|}{|V|} < \pi(\alpha)$$

をみたすことである．

V の幅 h の境界の体積と V の体積の比率が 0 にいけば，ファン ホーベの意味で無限大にいく．したがって，フィッシャーの意味で無限大にいくならファン ホーベの意味で無限大にいくことがわかる（図 2.8）．しかし逆は真実ではない．たとえば，

$$V(t) = \{(x, y) : 0 \leq x \leq t^2, 0 \leq y \leq t\}$$

はファン ホーベの意味では無限大にいくが，x 軸のほうが y 軸より速く発散することからフィッシャーの意味では無限大にいかない．

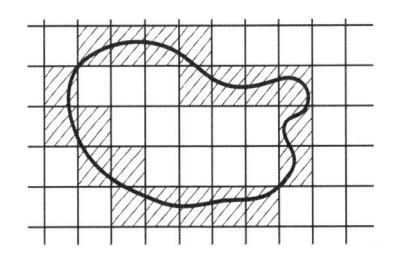

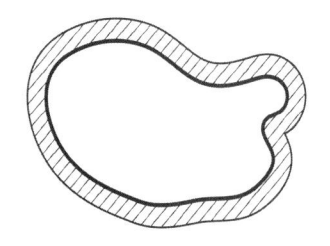

図 2.8 ファン ホーベの意味の極限とフィッシャーの意味の極限

2.4 エネルギーの存在再考

この節では高次元の場合の穏やかなポテンシャルをもつ場合のエントロピーの関数として，エネルギーの存在を示してみよう．本質的には 1 次元の正の値をとるポテンシャルの場合と同じなのだが，技術的にさまざまな困難があることがわかるであろう．実際には 3 次元以上でも成り立つが，記述が煩雑になることを避けるために 2 次元の場合に限定しよう．

命題 2.3 U は穏やかなポテンシャルとする．V_i $(1 \leq i \leq m)$ は $r > R_0$ 以上に離れているとする．このとき

$$E\Big(\bigcup_{i=1}^{m} V_i, \sum_{i=1}^{m} n_i, \sum_{i=1}^{m} S_i\Big) \leq \sum_{i=1}^{m} E(V_i, n_i, S_i) + \frac{1}{2} A \Big(\sum_{i=1}^{m} n_i\Big)^2 r^{-\lambda} \quad (2.7)$$

ここで A, λ も条件で与えられるものである．

証明． $m = 2$ の場合のみを示そう．後は基本的に同じである．$q_1, \ldots, q_{n_1} \in V_1$ と $q'_1, \ldots, q'_{n_2} \in V_2$ を

$$U(q_1, \ldots, q_{n_1}) \leq E_1, \quad U(q'_1, \ldots, q'_{n_2}) \leq E_2$$

とすると，U が穏やかであることから

$$U(q_1, \ldots, q_{n_1}, q'_1, \ldots, q'_{n_2})$$

$$= U(q_1, \ldots, q_{n_1}) + U(q'_1, \ldots, q'_{n_2}) + W(q_1, \ldots, q_{n_1}, q'_1, \ldots, q'_{n_2})$$
$$\leq E_1 + E_2 + A n_1 n_2 r^{-\lambda}$$

が成り立つ．したがって，

$$\frac{1}{(n_1+n_2)!} |\{(q_1, \ldots, q_{n_1+n_2}) \in (V_1 \cup V_2)^{n_1+n_2} :$$
$$U(q_1, \ldots, q_{n_1+n+2}) \leq E_1 + E_2 + A n_1 n_2 r^{-\lambda}\}|$$
$$\geq \frac{1}{n_1!} |\{(q_1, \ldots, q_{n_1}) \in V_1^{n_1} : U(q_1, \ldots, q_{n_1}) \leq E_1\}|$$
$$\times \frac{1}{n_2!} |\{(q'_1, \ldots, q'_{n_2}) \in V_2^{n_2} : U(q'_1, \ldots, q'_{n_2}) \leq E_2\}|$$

このことから

$$S(V_1 \cup V_2, n_1 + n_2, E_1 + E_2 + A n_1 n_2 r^{-\lambda})$$
$$\geq S(V_1, n_1, E_1) + S(V_2, n_2, E_2)$$

を得る．これから

$$E(V_1 \cup V_2, n_1 + n_2, S_1 + S_2)$$
$$\leq E(V_1, n_1, S_1) + E(V_2, n_2, S_2) + A n_1 n_2 r^{-\lambda} \quad (2.8)$$

が成り立つことがわかる．一般の場合には

$$\sum_{i<j} n_i n_j \leq \frac{1}{2}\Big(\sum_i n_i\Big)^2$$

を用いればよい． □

一般の V を考える前に，図 2.9 のような特別な正方形 V_N について考えてみよう．θ を

$$1 < 2^{2/\lambda} < \theta < 2$$

となるように選び

$$L > R = \frac{R_0}{2-\theta}$$

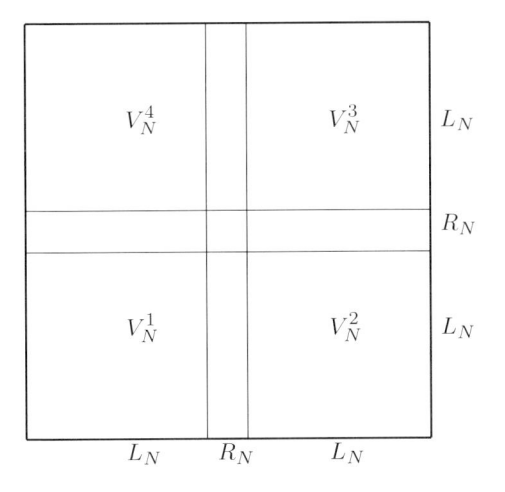

図 **2.9** 特別な正方形

と定める．立方体 V_N の 1 辺の長さを

$$L_N = 2^N L - \theta^N R$$

とする．

$$R_N = L_{N+1} - 2L_N = \theta^N (2-\theta) R \geq R_0$$

より，V_{N+1} の中に 4 個の V_N を，それらの間隔が R_N あいているように入れることができる．これらを V_N^i $(1 \leq i \leq 4)$ と表そう．命題 2.1 から，E は V の単調減少関数なので

$$\begin{aligned} E\Big(V_{N+1}, \sum_{i=1}^4 n_i, \sum_{i=1}^4 S_i\Big) &\leq E\Big(\bigcup_{i=1}^4 V_N^i, \sum_{i=1}^4 n_i, \sum_{i=1}^4 S_i\Big) \\ &\leq \sum_{i=1}^4 E(V_N, n_i, S_i) + \frac{A}{2}\Big(\sum_{i=1}^4 n_i\Big)^2 R_N^{-\lambda} \end{aligned} \quad (2.9)$$

とくに

$$E(V_{N+1}, 4n, 4S) \leq 4E(V_N, n, S) + 8An^2 R_N^{-\lambda}$$

が成り立つ．ここで

$$c_N(\delta, \sigma) = 4^{-N} E(V_N, 4^N \delta, 4^N \sigma) - 2A\delta^2 \sum_{m=0}^{N-1} 4^m R_m^{-\lambda}$$

とおけば

$$\begin{aligned}
& c_{N+1}(\delta, \sigma) - c_N(\delta, \sigma) \\
&= 4^{-N-1} E(V_{N+1}, 4^{N+1}\delta, 4^{N+1}\sigma) - 2A\delta^2 \sum_{m=0}^{N} 4^m R_m^{-\lambda} \\
& \quad - 4^{-N} E(V_N, 4^N \delta, 4^N \sigma) + 2A\delta^2 \sum_{m=0}^{N-1} 4^m R_m^{-\lambda} \leq 0
\end{aligned}$$

より $c_N(\delta, \sigma)$ は単調減少である．

$$4^m R_m^{-\lambda} = 4^m (\theta^m (2-\theta) R)^{-\lambda} = \left(\frac{4}{\theta^\lambda}\right)^m ((2-\theta) R)^{-\lambda}$$

であるが，仮定より $\frac{4}{\theta^\lambda} < 1$ であるので，

$$\lim_{N \to \infty} c_N(\delta, \sigma) = c(\delta, \sigma)$$

は存在することが示された．同時に

$$\lim_{N \to \infty} 4^{-N} E(V_N, 4^N \delta, 4^N \sigma) = \eta(\delta, \sigma)$$

の極限の存在と

$$\eta(\delta, \sigma) = c(\delta, \sigma) + 2A\delta^2 \sum_{m=0}^{\infty} 4^m R_m^{-\lambda}$$

をみたすことがわかった．ここで η は単位体積あたりのエネルギー ε ではなくて，特別な正方形に関する体積 L^ν あたりのエネルギーである．

$$\begin{aligned}
n_1 = n_2 = 4^N \delta_1, \quad S_1 = S_2 = 4^N \sigma_1 \\
n_3 = n_4 = 4^N \delta_2, \quad S_3 = S_4 = 4^N \sigma_2
\end{aligned}$$

とおいて，(2.9) に代入すると

$$E(V_{N+1}, 4^N(\delta_1+\delta_2), 4^N(\sigma_1+\sigma_2))$$
$$\leq 2\sum_{i=1}^{2} E(V_N, 4^N\delta_i, 4^N\sigma_i) + \frac{A}{2}\left(2\cdot 4^N(\delta_1+\delta_2)\right)^2 R_N^{-\lambda} \quad (2.10)$$

両辺に 4^{-N-1} をかけて $N\to\infty$ とすれば

$$\eta\left(\frac{\delta_1+\delta_2}{2}, \frac{\sigma_1+\sigma_2}{2}\right) \leq \frac{1}{2}\sum_{i=1}^{2}\eta(\delta_i, \sigma_i)$$

を得る．これを繰り返せば，$\alpha=2^{-q}p$ の形をした $0<\alpha<1$ について $\xi_i=(\delta_i,\sigma_i)$ $(i=1,2)$ とおくと

$$\eta(\alpha\xi_1+(1-\alpha)\xi_2) \leq \alpha\eta(\xi_1)+(1-\alpha)\eta(\xi_2)$$

をみたすことがわかる．したがって，2進有理数については下に凸な関数になっている．$\xi=(\delta,\sigma)$ について $\eta(\xi)=\infty$ となるのは，すべての N について $E(V_N, 4^N\delta, 4^N\sigma)=\infty$ をみたすことと必要十分であることにまず注意しよう．これより

$$\eta(\xi) = \liminf_{\xi'\to\xi}\eta(\xi')$$

と定める．ここで ξ' は2進有理点で ξ に近付くとする．こう定めれば $\eta(\xi)$ は下半連続な関数 (p.77) になる．

命題 2.4 U は安定とする．開凸集合 $\Delta\subset\mathbb{R}^2$ が存在して，η は Δ 内の凸関数に拡張できる．(δ,σ) が Δ の閉包に属さないときには $\eta(\delta,\sigma)=\infty$ である．さらに，η は Δ で広義一様連続で，さらに σ の単調増加関数である．

証明． $\xi=(\delta,\sigma)$ と表そう．ポテンシャルが安定であることから

$$\eta(\xi)\geq -\delta B$$

に注意しておこう．

$$\Delta_0 = \{(\delta,\sigma)\colon \eta(\delta,\sigma)\neq\infty\}$$

とおいて
$$\Delta = \overline{\Delta_0}^o$$
とおく．閉包をとってから内点をとるのでもとに戻りそうだが，ただ内点をとるより広くなることに注意しよう．

(2.7) から，$n \leq 4^N$ について V_0 のうち n 個を 1，残りを 0 に選ぶと

$$E(V_N, n, nS_1 + (4^N - n)S_0)$$
$$\leq nE(V_0, 1, S_1) + (4^N - n)E(V_0, 0, S_0) + 2nA \sum_{m=0}^{N-1} 4^m R_m^{-\lambda}$$

$S_0 \leq 0$ ならば $E(V_0, n, S_0) = 0$ かつ $S_1 \leq \log|V_0|$ ならば $E(V_0, 1, S_1) = 0$ であるので $S \leq n \log|V_0|$ ならば

$$E(V_N, n, S) \leq 2nA \sum_{m=0}^{N-1} 4^m R_m^{-\lambda}$$

を得る．これを 4^{-N} でわれば，$0 \leq \delta \leq 1$ かつ $\sigma \leq \delta \log|V_0|$ のとき

$$\eta(\delta, \sigma) \leq 2\delta A \sum_{m=0}^{N-1} 4^m R_m^{-\lambda}$$

を得る．したがって，Δ は空集合ではない．

$K > 0$ について $\xi \in D$ が $\eta(\xi) < K$ をみたす円盤 D を考えよう．この円盤内に半径が半分の中心を同一とする円盤を D' とする．η は凸関数であるので

$$\eta(\xi') \leq 2^{-q}\eta(\xi'' + 2^q(\xi' - \xi'')) + (1 - 2^{-q})\eta(\xi'')$$

であるから

$$\eta(\xi') - \eta(\xi'') \leq 2^{-q}[\eta(\xi'' + 2^q(\xi' - \xi'')) - \eta(\xi'')]$$

である．$\xi', \xi'' \in D'$ について，$\xi' - \xi'' \to 0$ ととれば $\xi'' + 2^q(\xi' - \xi'') \in D$ ととれる．そこで

$$|\eta(\xi') - \eta(\xi'')| \leq 2^{1-q}K$$

ととれる．したがって，η は D' で一様連続である．したがって，η は広義一様連続である．

η が σ の単調増加関数であることは E の性質からでる． □

一般の領域の場合に進もう．

命題 2.5 V がフィッシャーの意味で無限大にいき

$$\frac{n}{|V|} \to L^{-2}\delta = \rho, \quad \frac{S}{|V|} \to L^{-2}\sigma = s$$

かつ $(\delta, \sigma) \in \Delta$ なら

$$\varepsilon(\rho, s) = \lim_{V \to \infty} \frac{1}{|V|} E(V, n, S) = L^{-2}\eta(\delta, \sigma)$$

証明． $\delta = 4^{-N} n_0$ とする．

$$n = mn_0 + r_0, \quad 0 \le r_0 < n_0$$
$$r_0 = p4^N + r_1, \quad 0 \le r_1 < 4^N$$

とおく．$\lambda > 2$ であるので

$$n^{-1} L_N^2 \to 0, \quad n^{-1} L_N^\lambda \to \infty$$

をみたすように $N = N(n)$ を選ぶ．$\delta_0 = 4^{-N} n_0 > \delta$ を δ に近くとり

$$1 < \xi < \sqrt{\frac{\delta_0}{\delta}}$$

について，1 辺 ξL_N の正方形が $m + p + 1$ 個入り，相互の距離が $(\xi - 1)L_N$ 以上離れて内部に入るように V を十分に大きくとる．一辺 ξL_N の正方形を V_N，その平行移動を V_N^i ($1 \le i \le m + p + 1$) と表す．E が V の単調減少関数なので

$$\begin{aligned}
E(V, n, S) &\le E\Big(\bigcup_{i=1}^{m+p+1} V_N^i, mn_0 + r_0, S\Big) \\
&\le mE\Big(V_N, n_0, \frac{1}{m}[S - r_0 \log |V_0|]\Big) + pE(V_N, 4^N, 4^N \log |V_0|)
\end{aligned}$$

$$+E(V_N, r_1, r_1 \log |V_0|) + \frac{A}{2} n^2 (\xi-1)^{-\lambda} L_N^{-\lambda}$$
$$\leq mE\left(V_N, n_0, \frac{1}{m}[S - r_0 \log |V_0|]\right) + 2r_0 A \sum_{m=0}^{N-1} 4^m R_m^{-\lambda}$$
$$+\frac{A}{2} n^2 (\xi-1)^{-\lambda} L_N^{-\lambda}$$

したがって，$\delta_0 = 4^{-N} n_0$ より

$$\frac{1}{|V|} E(V, n, S) \leq \frac{n}{|V|} \frac{mn_0}{n\delta_0} 4^{-N} E\left(V_N, 4^N \delta_0, \frac{\delta_0 |V|}{n_0 m} \frac{4^N}{|V|}[S - r_0 \log |V_0|]\right)$$
$$+ \frac{2}{n} r_0 A L^{-2} \delta \sum_{m=0}^{\infty} 4^m R_m^{-\lambda} + \frac{A}{2} L^{-2} \delta n (\xi-1)^{-\lambda} L_N^{-\lambda}$$

なので，V を無限大に広げると

$$\limsup_{V \to \infty} \frac{1}{|V|} E(V, n, S) \leq L^{-2} \frac{\delta}{\delta_0} \eta\left(\delta_0, \frac{\delta_0}{\delta}\sigma\right)$$

$\delta_0 > \delta$ は任意に選べたので

$$\limsup_{V \to \infty} \frac{1}{|V|} E(V, n, S) \leq L^{-2} \eta(\delta, \sigma)$$

を得る．

フィッシャーの収束から $V_{N'}$ を平行移動したものが V を含むように N' を選ぶと

$$C' \leq \frac{|V|}{|V_{N'}|} \leq \frac{1}{2}$$

をみたす $C' > 0$ が存在する．$\delta_1 = 4^{-N'} n_1$ を δ に近く選ぶ．V'' を $V_{N'}$ の点で V の平行移動を含んでいるが，それから $\theta^{N'} R$ 以上離れているところを V'' と表す（図 2.10）．もちろん

$$\lim_{V \to \infty} \frac{|V| + |V''|}{|V_{N'}|} = 1$$

をみたす．

$$E(V_{N'}, 4^{N'} \delta_1, 4^{N'} \sigma)$$
$$\leq E(V, n, S) + E(V'', n_1 - n, 4^{N'} \sigma - S) + \frac{1}{2} A n_1^2 (\theta^{N'} R)^{-\lambda}$$

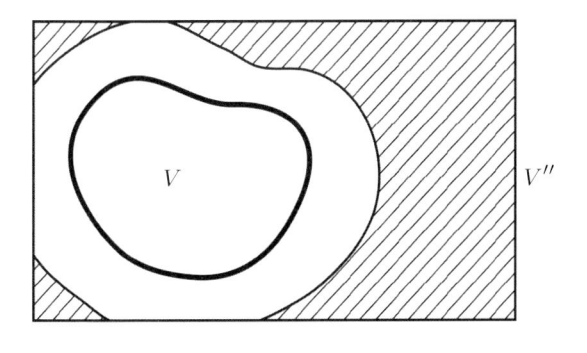

図 2.10 $V_{N'}$

このことから

$$\liminf_{V \to \infty} \frac{1}{|V|} E(V, n, S) \geq \liminf_{V \to \infty} \left[\frac{|V_{N'}|}{|V|} L^{-2} 4^{-N'} E(V_{N'}, 4^{N'} \delta_1, 4^{N'} \sigma) \right.$$
$$\left. - \frac{|V_{N'}| - |V|}{|V|} \frac{1}{|V''|} E(V'', n_1 - n, 4^{N'} \sigma - S) \right]$$

これから $\delta_1 \to \delta$ とすれば

$$\liminf_{V \to \infty} \frac{1}{|V|} E(V, n, S) \geq \eta(\delta, \sigma)$$

を得る．2 つの式を合わせれば命題の証明を終わる． □

この命題からエネルギー $\varepsilon(\rho, s)$ の存在が示せた．この逆関数を考えれば，エントロピー $s(\rho, \varepsilon)$ の存在が示せる．まとめれば

定理 2.3 ポテンシャル U が穏やかであれば，エントロピー $s(\rho, \varepsilon)$ が存在し，凸関数かつ ε について単調増加である．

証明． エントロピーの存在は命題 2.5 から導かれる．凸関数であることは命題 2.4 からわかる．ε について単調増加であることは $E(V, n, S)$ が S について単調増加（命題 2.1）であることからわかる． □

第3章 変分原理,ギップス測度,相転移

前の章では有界な集合 V の上にアンサンブルを考え,V を全体に広げるときの分配関数の極限を考えてきた.この章では,V のアンサンブルそのものの極限を考えよう.V を全空間に広げてしまうと1つひとつの配置の確率は0に収束してしまうことが予想される.そこで,V 内にさらに有界な部分集合を考え,その上の分子の配置の確率を計算してみよう.この確率はもちろん V に依存するわけだが,V を広げていくことで収束すると予想される.

この章では,確率測度の収束を議論することになり,σ 代数(アルジェブラ)や条件付き確率など抽象的な話が必要になる.その前に,簡単なモデルでイメージを作ろう.

3.1 簡単な場合

3.1.1 格子理想気体

カノニカルアンサンブル

$V = [0, N-1]$ の場合に $N \to \infty$ とすることで全空間に広げよう.前にも注意したが,このままでは正の整数全体にしか広がらないが,平行移動しても確率分布は変わらないので,この形でも左右両側に広げた場合と得られる結論は

$$\underbrace{\overbrace{}^{L\,\text{内に}\,k\,\text{個}} }_{N\,\text{内に}\,n\,\text{個}}$$

同じになる．ただ，空間 V を広げるだけでなく，V にある分子の割合も一定であるようにとって極限 $N \to \infty$ をとる．この定数を $n = Np$ と定めよう．この p は V 内の分子の割合，言い換えれば 1 つの場所に分子がいる確率になっている．上の図のように，V 内に長さ L の区間を考えよう．この区間内に k 個分子が存在する確率を求める．全体で n 個のうち k 個が長さ L の区間に，残り $n - k$ 個が長さ $N - L$ の中にあることになるから，その確率は

$$\binom{L}{k} \times \binom{N-L}{n-k} \binom{N}{n}^{-1}$$
$$= \binom{L}{k} \frac{(N-L)!}{N!} \frac{(N-n)!}{(N-L-n+k)!} \frac{n!}{(n-k)!}$$
$$= \binom{L}{k} \frac{(N-n)\cdots(N-L-n+k+1)n\cdots(n-k+1)}{N(N-1)\cdots(N-L+1)}$$

で与えられることから，$n = Np$ を代入して $N \to \infty$ をとると

$$\binom{L}{k}(1-p)^{L-k} p^k$$

に収束することがわかる．これは 2 項分布である．理想気体なのだから当たり前の結論ではあるが，1 つの場所に分子がいる確率 p，いない確率が $1-p$ で与えられ，ある場所に分子がいるかいないかは他の場所の影響をまったく受けないことがわかる．

どの場所にも分子が存在する確率が p である測度は相空間 $\{0,1\}^{\mathbb{Z}}$ の上の確率測度に拡張できる．この測度を $(p, 1-p)$ のベルヌーイ測度とよぶ．ごく自然に考えれば当たり前のように見えるが，厳密な議論はかなり大変で，ルベーグ積分を確率論に用いることができることを示した記念碑的な定理であるコルモゴロフの拡張定理（定理 6.2）を用いることになる．この測度をパラメータ p に依存するので，P_p と表すことにしよう．これがミクロカノニカルアンサンブルである．

前の章で定義したエントロピーも p に依存した形で与えられたが，測度を明示して $(p, 1-p)$ のベルヌーイ測度 P_p のエントロピーを

$$s(P_p) = -p \log p - (1-p) \log(1-p)$$

とも表そう．

グランドカノニカルアンサンブル

まず，ある場所に分子がある平均値を計算しておこう．簡単のため

$$r = \exp[\beta(\mu - \phi_1)]$$

とおこう．分子の平均個数は

$$\sum_{n=0}^{N} n \times \binom{N}{n} r^n$$

をグランドカノニカル分配関数 $(1+r)^N$ でわったものに等しい．

$$\sum_{n=1}^{N} n \binom{N}{n} t^{n-1} = \Big(\sum_{n=0}^{N} \binom{N}{n} t^n\Big)' = \Big((1+t)^N\Big)' = N(1+t)^{N-1}$$

に注意すると，分子の平均個数は

$$\sum_{n=0}^{N} n \times \binom{N}{n} r^n (1+r)^{-N}$$
$$= (1+r)^{-N} r N (1+r)^{N-1} = N \frac{r}{1+r}$$

を得る．以上より，ある場所に分子がある確率は

$$\frac{r}{1+r} = \frac{\exp[\beta(\mu - \phi_1)]}{1 + \exp[\beta(\mu - \phi_1)]}$$

であることがわかった．

同様に V に含まれる長さ L の区間に k 個入る確率は，全体で n 個入り，そのうち k 個が V に入ると考えると，全体で n 個入っている確率は，どの場合でも r^n であることから

$$\sum_{n=k}^{N-L+k} r^n \binom{N-L}{n-k} \binom{L}{k} (1+r)^{-N}$$
$$= \binom{L}{k} (1+r)^{-N} r^k \sum_{m=0}^{N-L} r^m \binom{N-L}{m}$$
$$= \binom{L}{k} (1+r)^{-N} r^k (1+r)^{N-L}$$
$$= \binom{L}{k} \Big(\frac{r}{1+r}\Big)^k \Big(\frac{1}{1+r}\Big)^{L-k}$$

と再び2項分布を得る．これによって，相空間 $\{0,1\}^{\mathbb{Z}}$ 上に $\left(\frac{r}{1+r}, \frac{1}{1+r}\right)$ のベルヌーイ測度が得られる．パラメータが煩雑なのでこの測度を P_* で表そう．これがグランドカノニカルアンサンブルである．

次の式を確かめることは容易である．

$$\beta p(\beta,\mu) = \lim_{N\to\infty} \frac{1}{N}\log(1+r)^N = \log(1+r) \tag{3.1}$$

一方，グランドカノニカルアンサンブルの場合の分子がある確率 $\frac{r}{1+r}$ とが等しいときのエントロピーは

$$s(P_*) = -\frac{r}{1+r}\log\frac{r}{1+r} - \frac{1}{1+r}\log\frac{1}{1+r}$$

であり．自由エネルギーは

$$\beta f(p,\beta) = \beta\phi_1 p - s(p)$$

であるので，

$$\begin{aligned}\beta(p\mu - f(p,\beta)) &= \beta p\mu - \beta p\phi_1 - p\log p - (1-p)\log(1-p) \\ &= \log r\frac{r}{1+r} - \frac{r}{1+r}\log\frac{r}{1+r} - \frac{1}{1+r}\log\frac{1}{1+r} \\ &= \log(1+r)\end{aligned}$$

したがって，(3.1) は

$$p(\beta,\mu) = p\mu - f(p,\beta) \tag{3.2}$$

となり，圧力とエントロピーの間の重要な関係式になっている．

ここで，p が $\frac{r}{1+r}$ に一致しない $(p, 1-p)$ のベルヌーイ測度の場合も考えておこう．その場合，(3.2) は

$$f(p) = -p\log p - (1-p)\log(1-p) + p\log r$$

となるが

$$f'(p) = -\log p + \log(1-p) + \log r$$

であるので，f の極値は

$$p = \frac{r}{1+r}$$

で与えられる．したがって，

$$p(\beta,\mu) = \sup_p [p\mu - f(p,\beta)]$$

と表される．これは素朴な形での変分原理の 1 つの表現になっている．一般の場合は定理 3.2 で述べることにしよう．

3.1.2　相互作用のないスピン系の場合

+ のスピンの割合を p としよう．この場合にもミクロカノニカルアンサンブルの場合には相空間 $\{+,-\}^{\mathbb{Z}}$ の上の $(p, 1-p)$ ベルヌーイ測度が得られる．これも理想気体と同じ記号を用いて P_p で表そう．

$$s(P_p) = -p \log p - (1-p) \log(1-p)$$

であるので，

$$p_* = \frac{e^{-\beta\phi_+}}{e^{-\beta\phi_+} + e^{-\beta\phi_-}}$$

のときの，$(p_*, 1-p_*)$ ベルヌーイ測度 P_* の場合のエントロピーは

$$s(P_*) = \log(e^{-\beta\phi_+} + e^{-\beta\phi_-}) + \frac{e^{-\beta\phi_+}}{e^{-\beta\phi_+} + e^{-\beta\phi_-}}\beta\phi_+ + \frac{e^{-\beta\phi_-}}{e^{-\beta\phi_+} + e^{-\beta\phi_-}}\beta\phi_-$$

である．一方，ポテンシャルエネルギーの平均は

$$\int U\, dP_* = -\beta\phi_+ \frac{e^{-\beta\phi_+}}{e^{-\beta\phi_+} + e^{-\beta\phi_-}} - \beta\phi_- \frac{e^{-\beta\phi_-}}{e^{-\beta\phi_+} + e^{-\beta\phi_-}}$$

であるので，この場合に

$$p(\beta) = s(P_*) + \int U\, dP_*$$

が成り立つことがわかる．理想気体とまったく同じ素朴な形の変分原理も同様に示すことができる．

3.1.3 分子が隣り合うことができない場合

この場合には隣りとの相互作用があるので少し複雑になる．2.2.5 項で考えた構造行列 M と M_t を用いよう．パラメータ t は分子の入りやすさに対応している．つまり，$t > 0$ が大きいほど分子がたくさん格子点に入りやすい．

グランドカノニカルアンサンブルを求めよう．$[0, N-1]$ の中の部分区間 V の中の配置はどれも同じ確率をもっていることから，例えば $V = [a, b]$ とし，そこでの配置を $i_a \cdots i_b$ としよう．もちろん，$a \le j < b$ について $M_{i_j, i_{j+1}} = 1$ でなければならない．この列のポテンシャルは，外部条件 i_{-1} と i_{N+1} が与えられているとき

$$\sum_{i_{a-1}, i_{b+1}=0,1} (M_t^a)_{i_{-1}, i_{a-1}} (M_t)_{i_{a-1}, i_a} (M_t)_{i_b, i_{b+1}} (M_t^{N-b+a})_{i_{b+1}, i_{N+1}}$$
$$= \sum_{i_{a-1}, i_{b+1}=0,1} (M_t^a)_{i_{-1}, i_{a-1}} \prod_{j=a}^{b} (M_t)_{i_j, i_{j+1}} (M_t^{N-b+a})_{i_{b+1}, i_{N+1}} \quad (3.3)$$

で与えられる．さらにグランドカノニカル分配関数は

$$(M_t^N)_{i_{-1}, i_{N+1}} \quad (3.4)$$

で求められるので，最大固有値 $\lambda = \frac{1+\sqrt{1+4t}}{2}$ とすると，2.2.5 項で求めたように圧力は $p = \log \lambda$ となる．固有値 λ に対応する右固有ベクトルと左固有ベクトルを

$$(l_0, l_1) = (1 + \sqrt{1+4t}, 2)$$
$$\begin{pmatrix} r_0 \\ r_1 \end{pmatrix} = \begin{pmatrix} 1 + \sqrt{1+4t} \\ 2 \end{pmatrix}$$

ととって

$$\begin{aligned} \pi_i^* &= \frac{l_i r_i}{\sum_j l_j r_j} \\ p_{ij}^* &= \frac{M_{ij} r_j}{\lambda r_i} \end{aligned} \quad (3.5)$$

と定めると，例えば

$$
\begin{aligned}
(M_t)_{i,j}(M_t)_{j,k} \times \lambda^{-2} &= r_i \times \frac{(M_t)_{i,j} r_j}{\lambda r_i} \times \frac{(M_t)_{j,k} r_k}{\lambda r_j} \times \frac{1}{r_k} \\
&= r_i \times p_{i,j}^* p_{j,k}^* \times \frac{1}{r_k}
\end{aligned}
$$

に注意すれば，求める確率は

$$\pi_{i_{-1}}^* \prod_{j=-1}^{N} p_{i_j, i_{j+1}}^*$$

に等しいことがわかる．これは相空間 $\{0,1\}^{\mathbb{Z}}$ の上の確率測度に拡張することができる．これは，ある場所に分子がない確率が π_0^*，分子が存在する確率が π_1^* であり，前の分子の状態が i であるとき，次の状態が j である確率が p_{ij}^* で与えられる．(π_0, π_1) を初期確率，

$$\Pi = \begin{pmatrix} p_{00}^* & p_{01}^* \\ p_{10}^* & p_{11}^* \end{pmatrix}$$

を推移確率にもつマルコフ測度とよぶ．これがグランドカノニカルアンサンブルである．与えられた確率は

$$
\begin{aligned}
\sum_i \pi_i^* &= 1 \\
\sum_j p_{ij}^* &= 1 \\
\sum_i \pi_i^* p_{ij}^* &= \pi_j^*
\end{aligned}
\tag{3.6}
$$

をみたすことに注意しよう．1番上の式は定義そのものより明らかである．2番目は固有ベクトルの性質より

$$
\begin{aligned}
\sum_j p_{ij}^* &= \sum_j \frac{(M_t)_{ij} r_j}{\lambda r_i} \\
&= \frac{1}{\lambda r_i} \left(M_t \begin{pmatrix} r_0 \\ r_1 \end{pmatrix} \right)_i \\
&= \frac{1}{\lambda r_i} \lambda r_i = 1
\end{aligned}
$$

同様に 3 番目も

$$
\begin{aligned}
\sum_i l_i r_i p_{ij}^* &= \sum_i l_i r_i \frac{(M_t)_{ij} r_j}{\lambda r_i} \\
&= \sum_i l_i (M_t)_{ij} \frac{r_j}{\lambda} \\
&= ((l_0, l_1) M_t)_j \frac{r_j}{\lambda} \\
&= l_j r_j
\end{aligned}
$$

によって成立する．1 番目と 2 番目は π_i^* と p_{ij}^* が確率であることに対応し，3 番目の性質はグランドカノニカルアンサンブル P^* が横への移動について不変であることを示している．すなわち，$i_a i_{a+1} \cdots i_b$ という列がどこに現れても，それが起きる確率は

$$P^*(i_a \cdots i_b) = \pi_{i_a}^* p_{i_a, i_{a+1}}^* \cdots p_{i_{b-1} i_b}^*$$

で与えられることを示している．

具体的には M_t の大きいほうの固有値は

$$\lambda = \frac{1 + \sqrt{1 + 4t}}{2}$$

で，左右の固有ベクトルは

$$\begin{pmatrix} r_0 \\ r_1 \end{pmatrix} = \begin{pmatrix} \lambda \\ t \end{pmatrix}$$
$$(l_0, l_1) = (\lambda, 1)$$

であるから

$$
\begin{aligned}
\pi_0^* &= \frac{\lambda^2}{\lambda^2 + t} \\
\pi_1^* &= \frac{t}{\lambda^2 + t} \\
p_{00}^* &= \frac{1}{\lambda} \\
p_{01}^* &= \frac{t}{\lambda^2} \\
p_{10}^* &= 1 \\
p_{11}^* &= 0
\end{aligned}
$$

で与えられる．ポテンシャルの平均は，位置 0 に分子がある場合にはポテンシャルが影響するのは隣りだけであるので，2.2.5 項のように $t = e^{\beta(\mu-\phi_1)}$ を用いると

$$\beta(\mu-\phi_1)\pi_1^* \Pi_{10}^* = \beta(\mu-\phi_1)\frac{t}{\lambda^2+t} = \frac{t}{\lambda^2+t}\log t$$

である．一方，測度 P の V の状態に関する全体のエントロピーは

$$-\sum_{i_0,\ldots,i_N} P(i_0\cdots i_N)\log P(i_0\cdots i_N)$$

で与えられるが，これから状態 1 つあたりのエントロピーは

$$s(P) = -\lim_{N\to\infty}\frac{1}{N}\sum_{i_0,\ldots,i_N} P(i_0\cdots i_N)\log P(i_0\cdots i_N)$$

となる．初期確率 π_i と推移確率 p_{ij} で定まるマルコフ測度の場合のエントロピーは

$$\begin{aligned}
s(P) &= -\lim_{N\to\infty}\frac{1}{N}\sum_{i_0,\ldots,i_N}\pi_{i_0}\prod_{j=0}^{N-1}\Pi_{i_j,i_{j+1}}\log\pi_{i_0}\prod_{j=0}^{N-1}p_{i_j,i_{j+1}} \\
&= -\lim_{N\to\infty}\frac{1}{N}\left[\sum_i \pi_i\log\pi_i + (N-1)\sum_{i,j}\pi_i p_{ij}\log p_{ij}\right] \\
&= -\sum_{i,j}\pi_i p_{ij}\log p_{ij}
\end{aligned}$$

で与えられる．このことについては 5 章で詳しく述べよう．したがって，$\lambda^2 - \lambda - t = 0$ を用いると

$$\begin{aligned}
s(P_*) &= -\frac{\lambda^2}{(\lambda^2+t)\lambda}\log\frac{1}{\lambda} - \frac{\lambda^2 t}{(\lambda^2+t)\lambda^2}\log\frac{t}{\lambda^2} - \frac{t}{\lambda^2+t}\log 1 \\
&= \log\lambda - \frac{t}{\lambda^2+t}\log t
\end{aligned}$$

を得る．エントロピーとポテンシャルの平均を加えると

$$\begin{aligned}
p\mu - f(p,\beta) &= p(\mu-\phi_1) + s(P_*) \\
&= \frac{t}{\lambda^2+t}\log t + \log\lambda - \frac{t}{\lambda^2+t}\log t \\
&= \log\lambda
\end{aligned}$$

となり，再び圧力を得る．

$$p\mu - f(p,\beta) = p(\mu - \phi_1) + s(P)$$

を不変なマルコフ測度について考えてみよう．まず，不変性から初期確率と推移確率の間に

$$\pi_0 p_{00} + \pi_1 p_{10} = \pi_0$$
$$\pi_0 p_{01} = \pi_1$$

が成り立つ．さらに確率の性質を用いれば

$$\pi_0 = \frac{1}{2-p_{00}}$$
$$\pi_1 = \frac{1-p_{00}}{2-p_{00}}$$
$$p_{01} = 1-p_{00}$$
$$p_{10} = 1$$

がわかる．したがって

$$\begin{aligned}f(p_0) &= p\mu - f(p,\beta)\\ &= -\frac{p_{00}}{2-p_{00}}\log p_{00} - \frac{1-p_{00}}{2-p_{00}}\log(1-p_{00}) + \frac{1-p_{00}}{2-p_{00}}\log 1\\ &\quad + \log t \times \frac{1-p_{00}}{2-p_{00}}\end{aligned}$$

この微分は

$$f'(p_{00}) = -\frac{1}{(2-p_{00})^2}\log\frac{p_{00}^2 t}{1-p_{00}}$$

であるから，極値は

$$p_{00} = \frac{-1+\sqrt{1+4t}}{2t} = \frac{1}{\lambda}$$

であるので，再び素朴な形ながら変分原理

$$p(\beta,\mu) = \sup_p [p\mu - f(p,\beta)]$$

を得た.

イジングモデルでもまったく同様の計算が可能である.一般に隣りとのみ相互作用がある場合には,ポテンシャルは行列によって表すことができ,上の議論をそのまま適用できる.前にも述べたように一般にポテンシャルの及ぶ範囲が有界な範囲に留まるときには,この場合に帰着でき,行列の最大固有値と固有ベクトルからすべての量を定めることができることがわかった.

3.1.4 連続系の変分原理

カノニカルアンサンブル

配置のカノニカル分配関数

$$Q(\Lambda, n, \beta) = \frac{1}{n!} \int_{V^n} \exp[-\beta U(q_1, \ldots, q_n)] \, dq_1 \cdots dq_n$$

の熱力学的極限である自由エネルギー

$$f(\rho, \beta) = -\frac{1}{\beta} \lim_{N \to \infty} \frac{1}{N} \log Q(V, N\rho, \beta)$$

を考えよう.

定理 3.1 U は安定ポテンシャルとする.このとき

(1) $f(\rho, \beta)$ は β^{-1} の関数として凹
(2) $f(\rho, \beta)$ は ρ の関数として凸
(3) $\rho^{-1} f(\rho, \beta)$ は ρ^{-1} の関数として減少関数

さらに

$$f(\rho, \beta) = \inf_{\varepsilon}(\varepsilon - \beta^{-1} s(\rho, \varepsilon))$$

が成り立つ.

いくつかの段階に分けて証明をしよう．

自由エネルギーの存在．

$$f_*(\rho,\beta) = \inf_{\varepsilon}(\varepsilon - \beta^{-1}s(\rho,\varepsilon))$$

とおこう．これは必ず存在するので，先にエントロピーのところで考察したように

$$f(\rho,\beta) = f_*(\rho,\beta)$$

を示すことで自由エネルギー $f(\rho,\beta)$ の存在が示される．

任意の $\delta > 0$ について，ある ε が存在して

$$f_*(\rho,\beta) + \delta > \varepsilon - \beta^{-1}s(\rho,\varepsilon)$$

が成り立つ．そこで

$$
\begin{aligned}
Q(V, N\rho, \beta) &= \frac{1}{(N\rho)!} \int_{V^{N\rho}} \exp[-\beta U(q_1,\ldots,q_{N\rho})]\, dq_1 \cdots dq_{N\rho} \\
&\geq \frac{1}{(N\rho)!} \int_{V^{N\rho}} \delta^{-}(U(q_1,\ldots,q_{N\rho}) - N\varepsilon) \\
&\qquad \exp[-\beta U(q_1,\ldots,q_{N\rho})]\, dq_1 \cdots dq_{N\rho} \\
&\geq e^{-\beta N \varepsilon} \Omega(V, N\rho, N\varepsilon) \qquad (3.7)
\end{aligned}
$$

さらに補題 2.2 より N を十分大きくとれば

$$
\begin{aligned}
(3.7) &\geq e^{-\beta N\varepsilon} \exp[N(s(\beta,\varepsilon) - \delta)] \\
&= \exp[-\beta N(\varepsilon - \beta^{-1}s(\beta,\varepsilon)) - \delta] \\
&\geq \exp[N(-\beta f_*(\rho,\varepsilon) - 2\delta)]
\end{aligned}
$$

$\delta > 0$ は任意に小さくとれるから

$$\liminf_{N\to\infty} \frac{1}{N} \log Q(V, N\rho, \beta) \geq -\beta f_*(\rho,\beta)$$

が成り立つ．逆の不等式を示そう．$\delta > 0$ を任意に固定して，

$$\exp[-\beta\varepsilon_0] < \delta$$

をみたすように ε_0 を十分大きくとる．以下，U が安定ポテンシャル，すなわち $U(q_1,\ldots,q_{N\rho}) \geq -N\rho B$ であることに注意して

$$\varepsilon_{k+1} = \max\{\varepsilon_k - \delta, -\rho B\}$$

ととる．m を $\varepsilon_m = -\rho B$ かつ $\varepsilon_{m-1} > -\rho B$ になるように選ぶ．$i \leq m$ については

$$\varepsilon_i - s(\rho,\varepsilon_i) \geq f_*(\rho,\beta)$$

であるから，

$$\varepsilon_{i+1} - s(\rho,\varepsilon_i) \geq f_*(\rho,\beta) - \delta$$

が成り立つ．

$$\begin{aligned}
Q_i(V,N\rho,\beta) &= \frac{1}{(N\rho)!} \int_{V^{N\rho}} \delta^{N(\varepsilon_i-\varepsilon_{i+1})}(U(q_1,\ldots,q_{N\rho}) - N\varepsilon_i) \\
&\quad \exp[-\beta U(q_1,\ldots,q_{N\rho})] \, dq_1 \cdots dq_{N\rho} \\
\tilde{Q}(V,N\rho,\beta) &= \frac{1}{(N\rho)!} \int_{V^{N\rho}} \delta^{-}(N\varepsilon_0 - U(q_1,\ldots,q_{N\rho})) \\
&\quad \exp[-\beta U(q_1,\ldots,q_{N\rho})] \, dq_1 \cdots dq_{N\rho}
\end{aligned}$$

とおくと

$$\delta^{N(\varepsilon_i-\varepsilon_{i+1})}(U(q_1,\ldots,q_{N\rho}) - N\varepsilon_i) = 1$$

となるのは，

$$N\varepsilon_{i+1} \leq U(q_1,\ldots,q_{N\rho}) < N\varepsilon_i$$

のときであることに注意すれば

$$Q(V,N\rho,\beta) = \sum_{i=0}^{m-1} Q_i(V,N\rho,\beta) + \tilde{Q}(V,N\rho,\beta)$$

が成り立つ．さらに

$$\tilde{Q}(V,N\rho,\beta) \leq \delta^N \frac{1}{(N\rho)!} N^{N\rho}$$

をみたす．この項は $\delta > 0$ が十分小さければ $N \to \infty$ で 0 に収束する．これで

$$\begin{aligned}
Q(V, N\rho, \beta) &\leq \sum_{i=0}^{m-1} e^{-\beta N \varepsilon_{i+1}} \frac{1}{(N\rho)!} \int_{V^{N\rho}} \delta^{N(\varepsilon_i - \varepsilon_{i+1})} (U(q_1, \ldots, q_{N\rho}) - N\varepsilon_i) \\
&\quad + \delta^N \frac{1}{(N\rho)!} N^{N\rho} \\
&\leq \sum_{i=0}^{m-1} e^{-\beta N \varepsilon_{i+1}} \Omega(V, N\rho, N\varepsilon_i) + \delta^N \frac{1}{(N\rho)!} N^{N\rho}
\end{aligned}$$

が成り立つ．さらに

$$\lim_{N \to \infty} \frac{1}{N} \log \Omega(V, N\rho, N\varepsilon_i) = s(\rho, \varepsilon_i)$$

であるので，十分大きな N について

$$e^{-\beta N \varepsilon_{i+1}} \Omega(V, N\rho, N\varepsilon_i) \leq \exp[-N(\beta \varepsilon_{i+1} - s(\rho, \varepsilon_i) - \delta)]$$

ととれる．したがって

$$e^{-\beta N \varepsilon_{i+1}} \Omega(V, N\rho, N\varepsilon_i) \leq \exp[-N(\beta f_*(\rho, \beta) - 2\delta)]$$

を得る．このことから

$$\limsup_{N \to \infty} \frac{1}{N} \log Q(V, N\rho, \beta) \leq -\beta f_*(\rho, \beta) + 2\delta$$

$\delta > 0$ は任意に選べるので

$$\limsup_{N \to \infty} \frac{1}{N} \log Q(V, N\rho, \beta) \leq -\beta f_*(\rho, \beta)$$

になるので $f(\rho, \beta)$ の存在が示せた．

(1) の証明． $0 < \alpha < 1$ について $\beta^{-1} = \alpha \beta_1^{-1} + (1-\alpha) \beta_2^{-1}$ とおこう．

$$\begin{aligned}
f(\rho, \beta) &= \inf_\varepsilon [\varepsilon - (\alpha \beta_1^{-1} s(\rho, \varepsilon) + (1-\alpha) \beta_2^{-1} s(\rho, \varepsilon))] \\
&\geq \alpha \inf_\varepsilon [\varepsilon - \beta_1^{-1} s(\rho, \varepsilon)] + (1-\alpha) \inf_\varepsilon [\varepsilon - \beta_2^{-1} s(\rho, \varepsilon)] \\
&= \alpha f(\rho, \beta_1) + (1-\alpha) f(\rho, \beta_2)
\end{aligned}$$

により，$f(\rho,\beta)$ が β^{-1} の関数として凹である．

(2) の証明． 同様に

$$\rho = \alpha\rho_1 + (1-\alpha)\rho_2$$
$$\varepsilon = \alpha\varepsilon_1 + (1-\alpha)\varepsilon_2$$

とおく．エントロピーが凸関数であること（定理 2.3）を用いると

$$\varepsilon - \beta^{-1}\alpha s(\rho_1,\varepsilon_1) - \beta^{-1}(1-\alpha)s(\rho_2,\varepsilon_2) \geq \varepsilon - \beta^{-1}s(\rho,\varepsilon)$$
$$\geq \inf_\varepsilon(\varepsilon - \beta^{-1}s(\rho,\varepsilon)) = f(\rho,\beta)$$

ここで $\delta > 0$ を任意にとって，$\varepsilon_1, \varepsilon_2$ を

$$f(\rho_i,\beta) + \delta \geq \varepsilon_i - \beta^{-1}s(\rho_i,\varepsilon_i) \quad (i=1,2)$$

ととれば，上の式は

$$\alpha f(\rho_1,\beta) + (1-\alpha)f(\rho_2,\beta) + 2\delta \geq f(\rho,\beta)$$

を示している．$\delta > 0$ は任意に選べるので，$f(\rho,\beta)$ は ρ の関数として凸であることが示せた．

(3) の証明． 最後に $Q(V,n,\beta)$ は n と β を止めたまま，V を大きくすると増加する．また，このとき ρ は減少することにも注意しよう．したがって

$$-\frac{|V|}{n}\frac{1}{|V|}\log Q(V,n,\beta) = -\frac{1}{n}\log Q(V,n,\beta)$$

は $|V|$ について単調減少である．$\rho^{-1}f(\rho,\beta)$ は上の式の V を大きくした極限であることから $\rho^{-1}f(\rho,\beta)$ は ρ^{-1} の減少関数であることがわかる． □

上の定理で得られた

$$f(\rho,\beta) = \inf_{\varepsilon}(\varepsilon - \beta^{-1}s(\rho,\varepsilon))$$

は変分原理の1つである．これらから熱力学における基本的な関係式が導ける．

ε^* で下限になるなら，微分が可能であることを仮定すると

$$\left.\frac{\partial}{\partial\varepsilon}(\varepsilon - \beta^{-1}s(\rho,\varepsilon))\right|_{\varepsilon^*} = 0$$

より，$s(\rho,\varepsilon)$ は ε の関数として ε^* で傾き β をもつことになる．さらに

$$f(\rho,\beta) = \varepsilon^* - \beta^{-1}s(\rho,\varepsilon^*)$$

であるので，

$$\beta = \left.\frac{\partial}{\partial\varepsilon}s(\rho,\varepsilon)\right|_{\varepsilon^*} \tag{3.8}$$

$$s(\rho,\varepsilon^*) = \beta^2\frac{\partial}{\partial\beta}f(\rho,\beta) \tag{3.9}$$

が導ける．

ε_* は平衡状態に対応しているので，$s(\rho,\varepsilon_*)$ は平衡状態でのエントロピー，$f(\rho,\beta)$ は平衡状態での自由エネルギーに対応している．このことから，ミクロカノニカルアンサンブルとカノニカルアンサンブルではともに分子の密度 ρ が一定の場合の確率であるので，上の関係式は2つアンサンブルの対応を示してもいる．

グランドカノニカルアンサンブル

グランドカノニカル分配関数

$$\Xi(V,\beta,\mu) = \sum_{n=0}^{\infty} e^{\beta\mu n}Q(V,n,\beta)$$

の熱力学極限の圧力

$$p(\beta,\mu) = \frac{1}{\beta}\lim_{N\to\infty}\frac{1}{N}\log\Xi(V,\mu,\beta)$$

について考えよう．

定理 3.2 U を安定ポテンシャル，つまりある定数 B が存在して

$$U(q_1, \ldots, q_n) \geq -nB$$

が成り立つとする．このとき，$\beta p(\beta, \mu)$ は μ の凹関数で，μ について単調増加関数である．さらに

$$p(\beta, \mu) = \sup_\rho (\rho\mu - f(\rho, \beta))$$

が成り立つ．

証明. 定理 3.1 と同様に

$$p_*(\beta, \mu) = \sup_\rho (\rho\mu - f(\rho, \beta))$$

とおこう．$p(\beta, \mu) = p_*(\beta, \mu)$ をまず示そう．上限は常に存在するから，これによって熱力学的極限 $p(\beta, \mu)$ の存在も示せたことになる．

任意に $\delta > 0$ を1つ選ぶ．このとき，ある ρ が存在して

$$p_*(\beta, \mu) < \rho\mu - f(\rho, \beta) + \delta$$

が成り立つ．一方で，任意の n について

$$\Xi(V, \beta, \mu) \geq e^{\beta\mu n} Q(V, n, \beta)$$

が成り立つので，

$$\begin{aligned}
\liminf_{N\to\infty} \frac{1}{N} \log \Xi(V, \beta, \mu) &\geq \liminf_{N\to\infty} \frac{1}{N} \log e^{\beta\mu N\rho} Q(V, N\rho, \beta) \\
&= \beta\rho\mu + \liminf_{N\to\infty} \frac{1}{N} \log Q(V, N\rho, \beta) \\
&= \beta\rho\mu - \beta f(\rho, \mu) \\
&> \beta(p_*(\beta, \mu) - \delta)
\end{aligned}$$

したがって

$$\liminf_{N\to\infty} \frac{1}{N} \log \Xi(V, \beta, \mu) \geq \beta\, p_*(\beta, \mu) \tag{3.10}$$

逆にスターリングの公式から

$$e^{\beta\mu n}Q(V,n,\beta) \leq \frac{1}{n!}\left[e^{\beta\mu}Ne^{\beta B}\right]^n \leq \left[e^{\beta(\mu+B)+1}\frac{N}{n}\right]^n$$

がでるので,

$$\sum_{n\geq 2Ne^{\beta(\mu+B)+1}} e^{\beta\mu n}Q(V,n,\beta) \leq \sum_{n\geq 2Ne^{\beta(\mu+B)+1}} 2^{-n}$$
$$= 2^{-2Ne^{\beta(\mu+B)+1}+1}$$

任意の $\delta>0$ を選んだとき, N を十分大きくすれば上の項は δ 以下にできる.
一方で十分大きな N について

$$Q(V,N\rho,\beta) \leq \exp[-N(\beta f(\rho,\beta)+\delta)]$$

をみたすから

$$e^{N\rho\beta\mu}Q(V,N\rho,\beta) \leq \exp[N\{\beta(\rho\mu-f(\rho,\beta))+\delta\}]$$
$$\leq \exp[N\{\beta p_*(\rho,\beta)+\delta\}]$$

以上より

$$\Xi(V,\beta,\mu) = \sum_{n\geq 1} e^{n\beta\mu}Q(V,n,\beta)$$
$$\leq 2Ne^{\beta(\mu+B)+1}\exp[N\{\beta p_*(\rho,\beta)+\delta\}] + \delta$$

を得る. したがって, 両辺の対数をとって $N\to\infty$ とすれば, $\delta>0$ は任意なので

$$\limsup_{N\to\infty}\frac{1}{N}\log\Xi(V,\beta,\mu) \leq \beta p_*(\beta,\mu) \tag{3.11}$$

が成り立つ. (3.10) と (3.11) より求める式を得る.

$\beta p(\beta,\mu)$ が μ について凹関数であることは, 定理 3.1 とほぼ同様に示せる. μ について単調増加であることは $\mu_1<\mu_2$ ととれば $\delta>0$ を任意に選んで, ρ_* を

$$\beta p(\beta,\mu_1) \leq \rho_*\mu_1 - \beta f(\rho_*,\beta) + \delta$$

をみたすように選ぶ．一方

$$\rho_*\mu_1 - \beta f(\rho_*,\beta) \leq \rho_*\mu_2 - \beta f(\rho_*,\beta) \leq \sup_{\rho}(\rho\mu_2 - \beta f(\rho,\beta)) = \beta p(\beta,\mu_2)$$

をみたす．$\delta > 0$ は任意であるので $\beta p(\beta,\mu)$ は μ について増加関数であることがわかる． □

ρ_* で最大値をとる，すなわち

$$p(\beta,\mu) = \rho^*\mu - f(\rho_*,\beta)$$

が成り立つとする．自由エネルギーと同様に，微分可能性を仮定すると

$$\mu = \left.\frac{\partial}{\partial \rho}f(\rho,\beta)\right|_{\rho_*} \tag{3.12}$$

$$\rho_* = \frac{\partial}{\partial \mu}p(\beta,\mu) \tag{3.13}$$

が成り立つ．これらの式は再び熱力学の重要な公式である．

3.2　ギッブス測度

　ここまでは有界な集合 V の上の確率測度（アンサンブル）を考えて，その上で平均をとってから V を全体に広げることを考えてきた．しかし，この節で考える確率空間は，相空間 Ω 全体の上の確率測度である．

　分子の配置の空間の有界な部分集合 V を考えると，V に属する分子の配置が作る部分 σ 代 数(アルジェブラ) $\mathcal{B}_V$ と V に属さない分子の配置が作る部分 σ 代 数(アルジェブラ) $\mathcal{B}_{V^c}$ の 2 つを考えることができる．この 2 つの σ 代 数(アルジェブラ) から全体の σ 代 数(アルジェブラ) が作られることになる．σ 代 数(アルジェブラ) については 6.2.2 項に述べるが，$\mathcal{B}_V$ ならば V 内の配置全体，$\mathcal{B}_{V^c}$ も V^c の配置全体とみてほぼ間違いない．格子系ならば $\mathcal{B}_V$ が有限集合なので，$\mathcal{B}_V$ は V の配置全体である．しかし，連続系では，V が有界でも $\mathcal{B}_V$ は無限集合であるし，格子系でも V^c は無限集合になるので，直感に頼りすぎると過ちを犯すこともあり得る．

アンサンブル P に対して，条件付き確率を

$$q_{V,\omega}(A) = P(A|\mathcal{B}_{V^c})(\omega)$$

と表すことにしよう．このとき，$q_{V,\omega}(\,\cdot\,)$ は $\omega \in \Omega$ の V 内の配置には依存しないで，配置が V に入る分子に関する σ 代数(アルジェブラ) $\mathcal{B}_V$ に対応する確率になることに注意しよう．

$V_1 \subset V_2$ であるとき，$V_2 \cap V_1^c$ に属する分子の配置が作る σ 代数(アルジェブラ) を $\mathcal{B}_{V_2 \cap V_1^c}$ と表そう．$q_{V_2,\omega}(\,\cdot\,)$ は $\mathcal{B}_{V_2}$ の上の確率測度になっているので，これをさらに $\mathcal{B}_{V_2 \cap V_1^c}$ で条件を付けると，これは $q_{V_1,\omega}(\,\cdot\,)$ に一致する．書き直すと次のように表現される．

命題 3.1 $V_1 \subset V_2$ かつ $A \in \mathcal{B}_{V_1}$ について

$$q_{V_2,\omega}(A|\mathcal{B}_{V_2 \cap V_1^c}) = q_{V_1,\omega}(A)$$

ただし，上の式の左辺の条件付き確率は ω の $V_2 \cap V_1^c$ での値を表す．

定義 3.1 $q_{V,\omega}$ が ω の V^c での配置のみに依存する V の上の確率で，命題 3.1 の条件をみたすとする．確率 P が $A \in \mathcal{B}_V$ について

$$P(A|\mathcal{B}_{V^c})(\omega) = q_{V,\omega}(A)$$

をみたすとき，P を DLR 測度とよぶ．条件付き確率の定義に従って，言い換えれば $B \in \mathcal{B}_{V^c}$ について

$$\int_B q_{V,\omega}(A)\,dP(\omega) = \int_B P(A|\mathcal{B}_{V^c})\,dP = P(A \cap B)$$

と表される．

DLR 測度とは，Dobrushin, Lanford, Ruelle（ドブルーシン，ランフォード，ルエル）の頭文字をとったもので，正確には $q_{V,\omega}$ の ω に関する可測性の仮定が必要であるが，可測性の定義は 6.2.2 項に述べるが，ここは直感に頼って「測れる」，つまりまともな関数と理解しておこう．

定義 3.2 $q_{V,\omega}$ がカノニカルアンサンブル，もしくはグランドカノニカルアンサンブルであるとき，この DLR 測度をギップス測度 (Gibbs) とよぶ．

ポテンシャルが与えられていても，そのギップス測度が一意的に決まるわけではない．2 つ以上ギップス測度が存在するとき相転移が起きているという．相転移の話をする前に少し準備をしなければならない．以下では $\mathbb{Z}^\nu$ の上のスピン系に話を絞ろう．$\Omega = \{+,-\}^{\mathbb{Z}^\nu}$ の上の σ 代数 (アルジェブラ) は有限集合の配置のみを定めた集合全体から作ることができる．このように有限集合の配置のみを定めた集合を筒集合とよぶ．$\nu = 1$ のときには，配置 ω の場所 i におけるスピンを ω_i で表すとき，筒集合とは $i < j$ と $s_i, \ldots, s_j \in \{+, -\}$ について

$$\{\omega \in \{+,-\}^{\mathbb{Z}} : \omega_i = s_i, \ldots, \omega_j = s_j\}$$

の形をしているものである．$\mathbb{Z}^\nu$ は可算集合であることから筒集合全体も可算集合であることに注意しておこう．

定理 3.3 $\mathbb{Z}^\nu$ 全体に広がる有限集合の単調列 $V_1 \subset V_2 \subset \cdots \subset \mathbb{Z}^\nu$，$\bigcup_{n \geq 1} V_n = \mathbb{Z}^\nu$ が存在して，任意の V 内の配置 A と $\mathbb{Z}^\nu$ の配置 ω について

$$\lim_{n \to \infty} \sup_{\omega'} |q_{V,\omega'_n}(A) - q_{V,\omega'}(A)| = 0$$

が成り立つとき，DLR 測度は存在し，その全体はコンパクトな凸集合である．ここで ω'_n は V_n 内の配置は ω'，V_n^c の配置は ω に一致する配置である．

証明． DLR 測度が凸集合であることとは，q_1, q_2 を DLR 測度とするとき，任意の $0 < \alpha < 1$ について $\alpha q_1 + (1-\alpha) q_2$ も DLR 測度になることであるが，このことは定義より明らかである．

筒集合を並べて $A_1, A_2, \ldots$ と表そう．$q_{V_m,\omega}(A_n) \in [0,1]$ であるから，対角線論法を使えばある部分列 $\{m_j\}$ が存在して，すべての n について $q_{V_{m_j},\omega}(A_n)$ が $j \to \infty$ で収束するようにできる．対角線論法については 6.4.1 項に述べるので，参考にしてほしい．この極限を $P(A_n)$ とおこう．任意の有限集合 V の上で，P は確率測度とみなすことができるので，コルモゴロフの拡張定理（定理 6.2,

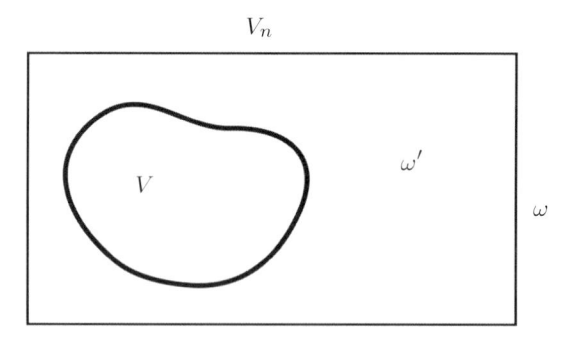

図 3.1 配置 ω'_n

p.209) から $\mathcal{B}$ の上の確率測度に一意的に拡張できる．$A \in \mathcal{B}_V$ と $B \in \mathcal{B}_{V^c}$ をとる．さらに B は筒集合とする．十分大きな n を選べば $B \in \mathcal{B}_{V_n \setminus V}$ とみなせる．図 3.1 のように $m_j \geq n$ なら，DLR 測度の条件から

$$q_{V_{m_j},\omega}(A \cap B) = \int_B q_{V,\omega'_{m_j}}(A)\, dq_{V_{m_j},\omega}(\omega')$$

ここで，ω'_n は V_n 内は ω'，外側では ω と一致する配置を表す．定理の条件は，右辺の第 1 項は j を十分大きくとれば，V_{m_j} 内の配置が変わらなければ，値がほとんど変わらないことを意味しているので，任意の $\varepsilon > 0$ についてある j_0 が存在して，$j, j' \geq j_0$ ならば

$$|q_{V,\omega'_{m_j}}(A) - q_{V,\omega'_{m_{j'}}}(A)| < \varepsilon$$

ととれる．前の j を j' に変えて，j' を止めたまま $j \to \infty$ ととると

$$|q_{V_{m_j},\omega}(A \cap B) - \int_B q_{V,\omega'_{m_{j'}}}(A)\, dq_{V_{m_j},\omega}(\omega')| < \varepsilon$$

$$q_{V_{m_j},\omega}(A \cap B) \to \int_B q_{V,\omega'_{m_{j'}}}(A)\, dP(\omega')$$

から

$$q_{V_{m_j},\omega}(A \cap B) \to P(A \cap B)$$

であることから，$j' \to \infty$ ととることで
$$P(A \cap B) = \int_B q_{V,\omega'}(A)\,dP(\omega')$$
を得る．任意の筒集合 B について上の式が成立することから，任意の $B \in \mathcal{B}_{V^c}$ でも成立することがわかる．したがって，DLR 測度 P の存在が証明された．

DLR 測度 P_n が P に収束するとしよう．確率測度の収束（位相）については 6.2.2 項でふれるが，ここでは素朴に理解しておこう．この位相は弱位相とよばれるので，この位相についてコンパクトなこと，つまり任意の列から収束する部分列が選べることを弱コンパクトという．

前と同じように $A \in \mathcal{B}_V$ と筒集合 $B \in \mathcal{B}_{V^c}$ を選ぶ．外部配置 ω を 1 つ固定しよう．任意の $\varepsilon > 0$ について，定理の条件より，m を十分大きくとれば

$$|q_{V,\omega'}(A) - q_{V,\omega'_m}(A)| < \varepsilon \qquad (3.14)$$

とできる．このことから

$$\begin{aligned}
&|P(A \cap B) - \int_B q_{V,\omega'}(A)\,dP(\omega')| \\
&\leq |P(A \cap B) - P_n(A \cap B)| + |P_n(A \cap B) - \int_B q_{V,\omega'}(A)\,dP_n(\omega')| \\
&\quad + \int_B |q_{V,\omega'}(A) - q_{V,\omega'_m}(A)|\,dP_n(\omega') \\
&\quad + |\int_B q_{V,\omega'_m}(A)\,dP_n(\omega') - \int_B q_{V,\omega'_m}\,dP(\omega')| \\
&\quad + \int_B |q_{V,\omega'_m}(A) - q_{V,\omega'}(A)|\,dP(\omega')
\end{aligned}$$

P_n は DLR 測度だから右辺第 2 項は 0 に等しい．(3.14) から第 3 項と第 5 項は ε より小さい．さらに $P_n \to P$ より第 1 項と第 4 項は $n \to \infty$ で 0 に近付く．以上より，P は DLR 測度であることがわかり，DLR 測度全体は閉じていることがわかった．また，任意の DLR 測度の列から収束部分列を取り出すのは再び対角線論法を用いればよい．したがって，コンパクトであることも示された． □

3.3 相転移の存在

3.3.1 イジングモデルの相転移

フェロマグネティックの場合の 2 次元イジングモデルを考えよう．$\mathbb{Z}^2$ の各点には 2 つの状態 + と − があり，隣り合う点の間にのみ相互作用のある場合がイジングモデルである．さらに，同じ状態に揃いたがるときがフェロマグネティックである．場所 (i,j) の状態（スピン）を $s_{(i,j)}$ で表すとき，(i',j') が

$$(i, j-1), \quad (i, j+1), \quad (i-1, j), \quad (i+1, j)$$

のいずれかであるときに，その間のポテンシャルが

$$\frac{1}{2} s_{(i,j)} s_{(i'j')}$$

で与えられる．

次の定理はもっと一般の場合でも成り立つが，ここではフェロマグネティックなイジングモデルについてのみ示そう．

定理 3.4 ギップス測度は定理 3.3 の条件をみたす．

証明． $V \subset W$ を有限集合，$A \in \mathcal{B}_V$ として

$$\{s_x \in \{+, -\} : x \in V\}$$

と表せるものを考えよう．$\omega, \omega' \in \{+, -\}^{\mathbb{Z}^\nu}$ について，W 内の配置が ω'，W 外の配置が ω に一致する配置を ω'_W（図 3.2）と表そう．

外部状態 ω の V 内のギップス測度は

$$\begin{aligned}
q_{V,\omega}(A) &= \frac{1}{\Xi(V,\omega)} \exp[-\beta U_\omega(A)] \\
\Xi(V,\omega) &= \sum_A \exp[-\beta U_\omega(A)]
\end{aligned}$$

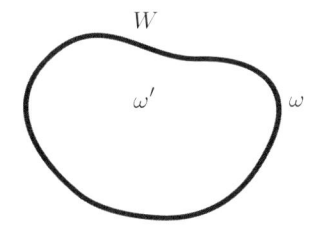

図 3.2 配置 ω'_W

で表せる．外部状態 ω のポテンシャル U_ω は

$$U_\omega(A) = \sum_{x,y\in V}^* s_x s_y + \frac{1}{2}\sum_{x\in V, y\in V^c}^* s_x \omega_y$$

と表せる．ただし，$\sum_{x,y}^*$ は 2 点 x と y が隣り合うものだけ加えることを意味する．定義より，外部状態が ω' のときと ω'_W のときの差は

$$U_{\omega'}(A) - U_{\omega'_W}(A) = \frac{1}{2}\sum_{x\in V, y\in W^c}^* s_x(\omega'_y - \omega_y)$$

であるので，V の元と W^c の元が隣り合わなければ 0 になる．

$$\left|q_{V,\omega'}(A) - \frac{\Xi(V,\omega'_W)}{\Xi(V,\omega')}q_{V,\omega'_W}(A)\right|$$
$$= q_{V,\omega'}(A)\left|1 - \exp[\beta(U_{\omega'}(A) - U_{\omega'_W}(A))]\right|$$

であること，および

$$\left|\frac{\Xi(V,\omega'_W)}{\Xi(V,\omega')}q_{V,\omega'_W}(A) - q_{V,\omega'_W}(A)\right| = q_{V,\omega'_W}(A)\left|1 - \frac{\Xi(V,\omega'_W)}{\Xi(V,\omega')}\right|$$
$$\leq \left|1 - \frac{\Xi(V,\omega'_W)}{\Xi(V,\omega')}\right|$$

であるので，どちらも V の元と W^c の元が隣り合わなければ

$$|q_{V,\omega'}(A) - q_{V,\omega'_W}|$$
$$= \left|q_{V,\omega'}(A) - \frac{\Xi(V,\omega'_W)}{\Xi(V,\omega')}q_{V,\omega'_W}(A)\right| + \left|\frac{\Xi(V,\omega'_W)}{\Xi(V,\omega')}q_{V,\omega'_W}(A) - q_{V,\omega'_W}(A)\right|$$
$$= 0$$

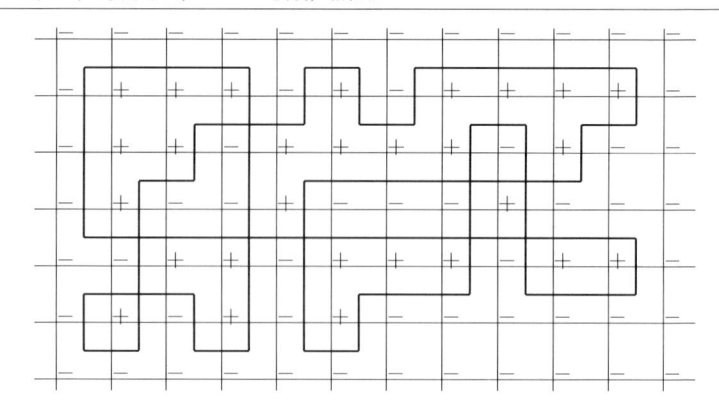

図 3.3 輪郭線

をみたす．もちろん，W が広がっていけば V の元と W^c の元が隣り合わなくなるので，ギップス分布は定理 3.3 の条件をみたす． □

 有限集合 V を考え，その外側のスピンの配置 ω を 1 つ固定する．V 内の配置を考え，図 3.3 のように，+ のスピンと − のスピンとの境を描き，この曲線を Γ で表そう．これを輪郭線という．V 内の全エネルギーは，すべてを同じスピンと考えた全エネルギーに輪郭線の長さ $\#\Gamma$ を加えたものになっている．ギップス測度を考えるときにはすべてを同じスピンと考える分は無視できるので，確率は $e^{-\beta\#\Gamma}$ に比例していると考えてよい．逆に輪郭線を与えると，スピンの配置は外部状態から定まってしまうので，これからはスピンの配置ではなく V 内の輪郭線に確率を与えるとみなすことにしよう．正規化定数を $\Xi(V,\omega)$ で表すと，V の中に輪郭線 Γ が現れる確率は

$$q_{V,\omega}(\Gamma) = \frac{1}{\Xi(V,\omega)} e^{-\beta\#\Gamma}$$

で与えられる．閉曲線 γ について，これを部分集合として含む輪郭線 Γ を考えてみよう．γ が閉曲線であることから，外部の配置に影響することはないので $\Gamma - \gamma$ も輪郭線になることに注意すると，γ を輪郭線の一部として含む確率は

$$\Xi(V,\omega)^{-1} \sum_{\Gamma \supset \gamma} e^{-\beta\#\Gamma} = e^{-\beta\#\gamma} \Xi(V,\omega)^{-1} \sum_{\Gamma \supset \gamma} e^{-\beta\#(\Gamma-\gamma)} \leq e^{-\beta\#\gamma}$$

を得る．

V が原点を含むとする．全部が + の外部配置は + で，全部が − の外部配置を − でそれぞれ表すことにしよう．まず，外部配置が − の場合を考える．原点が + スピンのときには，その輪郭線は V にとどまることにまず注意しよう．

$$q_{V,-}(原点のスピンが +) \leq q_{V,-}(原点を囲む輪郭線がある)$$
$$= \sum_{k=0}^{\infty} q_{V,-}(原点を囲み (0, k+\tfrac{1}{2}) を通る輪郭線がある)$$
$$\leq \sum_{k=0}^{\infty} \sum_{m=2k}^{\infty} e^{-\beta m} 3^m$$

ここで 1 点を通り長さ m の輪郭線は 3^m 個より少ないことを用いた．$\beta > \log 3$ ならば，上の右辺は収束して

$$q_{V,-}(原点のスピンが +) \leq \frac{1}{(1-e^{-(\beta-\log 3)})(1-e^{-2(\beta-\log 3)})}$$

を得る．この分母は $\beta \to \infty$ で 1 に収束することから，β を十分大きくとれば

$$q_{V,-}(原点のスピンが +) < \frac{1}{2}$$

ととれる．

逆に外部配置が + のときを考えると，スピンに対する対称性から

$$\begin{aligned} q_{V,+}(原点のスピンが +) &= 1 - q_{V,+}(原点のスピンが -) \\ &= 1 - q_{V,-}(原点のスピンが +) \\ &> \frac{1}{2} \end{aligned}$$

を得る．$\mathbb{Z}^2$ 全体に広がる有限集合の列 $V_1 \subset V_2 \subset \cdots \subset \mathbb{Z}^2$ が存在して $q_{V_n,-}$ と $q_{V_n,+}$ がそれぞれ $\{+,-\}^{\mathbb{Z}^2}$ の上のある確率測度 P_- と P_+ に収束するようにできる．今までの計算から

$$P_-(原点のスピンが +) < \frac{1}{2} < P_+(原点のスピンが +)$$

となり，$P_- \neq P_+$ が出て，ギッブス測度が 2 つ以上存在することになり，相転移が β が十分大きい（温度が低い）ときに起きることが示された．

1次元のイジングモデルでは相転移は起きないことは前の章で述べた行列による表現を詳細に調べれば証明できる．2次元の場合は，上のように相転移の存在は示せたが，具体的に P_+ と P_- が異なるようになる温度（相転移を起こす温度）を見付けるのは容易ではないが，既に求まっている．しかし，3次元以上の場合には相転移の存在は示されているが，正確な相転移の温度はわかっていない．

3.3.2 相転移と分配関数の微分不可能性

格子系の相転移を考えよう．相空間は，分子のある場所 1 とない場所 0 の $\{0,1\}^{\mathbb{Z}^\nu}$ ($\nu \geq 1$) である．$s \in \mathbb{Z}^\nu$ について，s 離れた 2 つの分子の間のポテンシャルを $U(s)$ で表す．ここでは $U(s) \leq 0$ と仮定しよう．

$\omega \in \Omega$ について，分子のある場所全体を $(\omega) \subset \mathbb{Z}^\nu$ で表そう．$\omega, \omega' \in \Omega$ について，$\omega < \omega'$ とは $(\omega) \subset (\omega')$ をみたすことと定めれば，Ω の上に部分順序を考えることができる．また，$A \subset B$ のとき，$f(A) \leq f(B)$ となる集合の関数 f を単調増加とよぶことにしよう．

q を $\mathcal{B}_V$ を定義域とする正の値をとる関数とする．

定理 3.5（FKG 不等式）

$$q(M)q(N) \leq q(M \cup N)q(M \cap N) \tag{3.15}$$

がすべての $M, N \subset V$ について成り立つなら，任意の単調増加関数 f, g について

$$\langle fg \rangle \geq \langle f \rangle \langle g \rangle$$

が成り立つ．

FKG は Fortuin-Kasteleyn-Ginibre（フォーチュン，カステレイン，ギニーブル）の略である．また，$\langle f \rangle$ は f の q による平均

$$\langle f \rangle = \frac{\sum_A f(A)q(A)}{\sum_A q(A)}$$

である．

証明. V の元の数による帰納法で示す.1 点 x しか含まない場合には,M, N は $\{x\}$ または空集合 $\emptyset$ しかない.$f(\{x\}) = f_1$, $f(\emptyset) = f_0$ などと表そう.

$$\langle fg \rangle = \frac{1}{q_0 + q_1}(f_0 g_0 q_0 + f_1 g_1 q_1)$$

であることから

$$(\langle fg \rangle - \langle f \rangle \langle g \rangle) \times (q_0 + q_1)^2$$
$$= (f_1 g_1 q_1 + f_0 g_0 q_0)(q_1 + q_0) - (f_1 q_1 + f_0 q_0)(g_1 q_1 + g_0 q_0)$$
$$= (f_1 - f_0)(g_1 - g_0) q_0 q_1$$

が成り立つ.f と g の単調増加性より $f_1 \geq f_0$, $g_1 \geq g_0$ であるので,元が 1 点しかない場合の証明が終わる.

元の数が $n-1$ 以下の場合に成り立つとして,V の元の数を n とする.$x \in V$ を 1 つ選ぼう.

$$\mathcal{B}'_V = \{M \in \mathcal{B}_V : x \in M\}, \quad \mathcal{B}''_V = \{M \in \mathcal{B}_V : x \notin M\}$$

とおく.$\mathcal{B}'_V$ の上には $M \not\ni x$ を確率 $q(M \cup \{x\})$ でとると考え,$\mathcal{B}''_V$ はそのまま考えることにする.V から x を 1 つ除いたとみなし,元の数が $n-1$ の集合の族を考えると,ともに,その上の関数で (3.15) をみたすので,帰納法の仮定により

$$\langle fg \rangle' \geq \langle f \rangle' \langle g \rangle', \quad \langle fg \rangle'' \geq \langle f \rangle'' \langle g \rangle''$$

が成り立つ.ここで $\langle f \rangle'$ や $\langle f \rangle''$ は,それぞれ q を $\mathcal{B}'_V$ と $\mathcal{B}''_V$ に制限した場合の平均を表す.正規化定数を

$$\Xi = \sum_{M \in \mathcal{B}_V} q(M)$$

で表そう.Ξ', Ξ'' や和 $\sum'$, $\sum''$ もそれぞれ $\mathcal{B}'_V$ と $\mathcal{B}''_V$ に制限した場合を表すことにする.

$$\Xi^2 \{\langle fg \rangle - \langle f \rangle \langle g \rangle\} = \Xi \sum_M f(M)g(M)q(M) - \sum_{M,N} f(M)q(M)g(N)q(N)$$
$$= \sum_{M,N} \{f(M)g(M)q(M)q(N) - f(M)q(M)g(N)q(N)\} \qquad (3.16)$$

の和を分け，さらに (3.15) を用いて，多少面倒な計算をすれば

$$
\begin{aligned}
(3.16) &= \Xi'^2\{\langle fg\rangle' - \langle f\rangle'\langle g\rangle'\} + \Xi''^2\{\langle fg\rangle'' - \langle f\rangle''\langle g\rangle''\} \\
&\quad + \Xi'\Xi''\{\langle fg\rangle' - \langle f\rangle'\langle g\rangle'' + \langle fg\rangle' - \langle f\rangle''\langle g\rangle'\}\} \\
&\geq \Xi'\Xi''\{\{\langle f\rangle'\langle g\rangle' - \langle f\rangle'\langle g\rangle'' + \langle f\rangle''\langle g\rangle' - \langle f\rangle''\langle g\rangle'\} \\
&= \Xi'\Xi''(\langle f\rangle' - \langle f\rangle'')(\langle g\rangle' - \langle g\rangle'')
\end{aligned}
$$

を得る．ここで $\langle f\rangle' - \langle f\rangle'' \geq 0$ を示せば証明を終わる．

$M \in \mathcal{B}_V''$ について

$$
\begin{aligned}
\overline{f}(M) &= \frac{q(M)}{q(M \cup \{x\})} \\
\overline{\overline{f}}(M) &= f(M \cup \{x\})
\end{aligned}
$$

とおく．$\overline{\overline{f}}$ は明らかに単調増加である．一方，$M \subset N \in \mathcal{B}_V''$ について，仮定で $M \cup \{x\}$ を M ととると

$$q(M \cup \{x\})q(N) \leq q(N \cup \{x\})q(M)$$

が成り立つので，$\overline{f}(M) \geq \overline{f}(N)$ をみたすので $\overline{f}$ は単調減少である．q を $\mathcal{B}_V'$ に制限した (3.15) が成り立つことから

$$\langle -\overline{f}\,\overline{\overline{f}}\rangle' - \langle -\overline{f}\rangle'\langle\overline{\overline{f}}\rangle' \geq 0$$

が成り立つ．ここで

$$
\begin{aligned}
\langle \overline{f}\,\overline{\overline{f}}\rangle' &= \frac{1}{\Xi'}\sum_M{}''\frac{q(M)}{q(M \cup \{x\})}f(M \cup \{x\})q(M \cup \{x\}) \\
&= \frac{1}{\Xi'}\sum_M{}'' f(M \cup \{x\})q(M) \\
&\geq \frac{1}{\Xi'}\sum_M{}'' f(M)q(M) = \frac{\Xi''}{\Xi'}\langle f\rangle'' \\
\langle \overline{f}\rangle' &= \frac{1}{\Xi'}\sum_M{}''\frac{q(M)}{q(M \cup \{x\})}q(M \cup \{x\}) = \frac{1}{\Xi'}\sum_M{}'' q(M) = \frac{\Xi''}{\Xi'} \\
\langle \overline{\overline{f}}\rangle' &= \frac{1}{\Xi'}\sum_M{}'' f(M \cup \{x\})q(M \cup \{x\}) = \frac{1}{\Xi'}\sum_M{}' f(M)q(M) = \langle f\rangle'
\end{aligned}
$$

よりこれを代入すれば，$\langle f \rangle' - \langle f \rangle'' \geq 0$ を得て，証明を終わる． □

有界集合 $M \subset V$ と $\omega \in \Omega$ について

$$U(M) = \sum_{s,t \in M} U(t-s)$$
$$U(M, \omega) = \sum_{s \in M, t, \in (\omega) \cap V^c} U(t-s)$$

とおこう．それぞれ，M 内のポテンシャルと M と V の外部とのポテンシャルを表している．

補題 3.1 有界集合 $M \subset V$ と $\omega \in \Omega$ について

$$q_{V,\mu,\omega}(M) = \exp[\mu \# M - U(M) - U(M, \omega)]$$

とおくと，$q_{V,\mu,\omega}$ は FKG 不等式 (3.15) をみたす．

証明．

$$q(M)q(N) = \exp[\mu \# M + \mu \# N - U(M) - U(N) - U(M,\omega) - U(N,\omega)]$$
$$q(M \cup N) = \exp[\mu \#(M \cup N) - U(M \cup N) - U(M \cup N, \omega)]$$
$$q(M \cap N) = \exp[\mu \#(M \cap N) - U(M \cap N) - U(M \cap N, \omega)]$$

である．一方

$$\# M + \# N = \#(M \cap N) + \#(M \cap N)$$
$$U(M, \omega) + U(N, \omega) = U(M \cup N, \omega) + U(M \cap N, \omega)$$

をみたすことは容易にわかる．また

$$U(M) = \sum_{s,t \in M \setminus N} U(s-t) + 2 \sum_{\substack{s \in M \setminus N \\ t \in M \cap N}} U(s-t) + \sum_{s,t \in M \cap N} U(s-t)$$
$$U(N) = \sum_{s,t \in M \cap N} U(s-t) + 2 \sum_{\substack{s \in N \setminus M \\ t \in M \cap N}} U(s-t) + \sum_{s,t \in N \setminus M} U(s-t)$$

$$\begin{aligned}
U(M \cup N) &= \sum_{s,t \in M \setminus N} U(s-t) + 2\sum_{\substack{s \in M \setminus N \\ t \in M \cap N}} U(s-t) + \sum_{s,t \in M \cap N} U(s-t) \\
&\quad + 2\sum_{\substack{s \in N \setminus M \\ t \in M \cap N}} U(s-t) + \sum_{s,t \in N \setminus M} U(s-t) + 2\sum_{\substack{s \in N \setminus M \\ t \in N \setminus M}} U(s-t) \\
U(M \cap N) &= \sum_{s,t \in M \cap N} U(s-t)
\end{aligned}$$

と分ける．$U(s) \le 0$ であることから，下の右辺には $s \in M \setminus N$ と $t \in N \setminus M$ に相当する部分だけ多いので

$$U(M) + U(N) \ge U(M \cup N) + U(M \cap N)$$

であることが導ける．このことから $q_{V,\mu,\omega}$ が (3.15) をみたすことが示される．
□

関数 f の $q_{V,\mu,\omega}$ による平均を $\langle f \rangle_{V,\mu,\omega}$ と表そう．

補題 3.2 f が単調増加な関数であれば，$\langle f \rangle_{V,\mu,\omega}$ は μ と ω について単調増加である．

証明．

$$\phi(N) = \begin{cases} \mu - U(\{t\},\omega) & N = \{t\} \in V \text{ のとき} \\ -2U(\{t,s\}) & N = \{t,s\} \subset V \text{ のとき} \\ 0 & \text{その他の場合} \end{cases}$$

とおくと，

$$q_{V,\mu,\omega}(M) = \exp\Big[\sum_{N \subset M} \phi(N)\Big]$$

をみたす．

$$\Xi(V,\mu,\omega) = \sum_{M \subset V} q_{V,\mu,\omega}(M)$$

とおく.そこで

$$\begin{aligned}\frac{\partial}{\partial \phi(N)}\Xi(V,\mu,\omega) &= \frac{\partial}{\partial \phi(N)}\sum_M \exp\Big[\sum_{N'\subset M}\phi(N')\Big] \\ &= \sum_{M:\,M\supset N}\exp\Big[\sum_{N'\subset M}\phi(N')\Big] = \sum_{M:\,M\supset N} q_{V,\mu,\omega}(M) \\ &= \Xi(V,\mu,\omega)\langle 1_{[N]}\rangle_{V,\mu,\omega}\end{aligned}$$

ここで $[N]$ は N を含む集合の族

$$[N] = \{M\subset V : M\supset N\}$$

である.

$$\begin{aligned}\frac{\partial}{\partial \phi(N)}\langle f\rangle_{V,\mu,\omega} &= \frac{\partial}{\partial \phi(N)}\frac{1}{\Xi(V,\mu,\omega)}\sum_M f(M)q_{V,\mu,\omega}(M) \\ &= \frac{1}{\Xi(V,\mu,\omega)}\sum_{M:\,M\supset N}f(M)q_{V,\mu,\omega}(M) \\ &\quad -\frac{1}{\Xi(V,\mu,\omega)^2}\Xi(V,\mu,\omega)\langle 1_{[N]}\rangle_{V,\mu,\omega}\sum_M f(M)q_{V,\mu,\omega}(M) \\ &= \langle f 1_{[N]}\rangle_{V,\mu,\omega} - \langle f\rangle_{V,\mu,\omega}\langle 1_{[N]}\rangle_{V,\mu,\omega}\end{aligned}\qquad(3.17)$$

をみたす.$q_{V,\beta,\omega}$ は (3.15) をみたすことと,$1_{[N]}$ は単調増加であるので,f が単調増加ならば,(3.17) より

$$\frac{\partial}{\partial \phi(N)}\langle f\rangle_{V,\mu,\omega} \geq 0$$

である.$\phi(N)$ は μ と外部配置 ω について単調増加なので,$\langle f\rangle_{V,\mu,\omega}$ は μ,ω について単調増加である. □

全体に分子がない状態を 0 で,すべての格子点に分子がある状態を 1 で表すことにする.

補題 3.3 f が単調増加ならば,$\langle f\rangle_{V,\mu,0}$ は V について単調増加で,$\langle f\rangle_{V,\mu,1}$ は単調減少である.

証明. $V_1 \subset V_2$ とする．ω_2 で V_2 の内側は ω，外は 0 である配置を表そう．

$$\langle f \rangle_{V_1,\mu,0} \leq \langle f \rangle_{V_1,\mu,\omega_2}$$

であるので，

$$\begin{aligned}
\langle f \rangle_{V_2,\mu,0} &= \int \langle f \rangle_{V_1,\mu,\omega_2} \, dq_{V_2,\mu,0}(\omega) \\
&\geq \int \langle f \rangle_{V_1,\mu,0} \, dq_{V_2,\mu,0}(\omega) \\
&= \langle f \rangle_{V_1,\mu,0}
\end{aligned}$$

外部条件が 1 のときも同様である． □

系 3.1

$$\begin{aligned}
Q_{\mu,0} &= \lim_{V \to \mathbb{Z}^\nu} q_{V,\mu,0} \\
Q_{\mu,1} &= \lim_{V \to \mathbb{Z}^\nu} q_{V,\mu,1}
\end{aligned}$$

は存在し，f が単調増加ならば

$$\langle f \rangle_{V,\mu,0} \leq \langle f \rangle_{\mu,0}, \quad \langle f \rangle_{V,\mu,1} \geq \langle f \rangle_{\mu,1}$$

ここで $\langle f \rangle_{\mu,\omega}$ は $Q_{\mu,\omega}$ による平均を表す．

証明. 前の補題より，f を集合の定義関数とすれば，$q_{V,\mu,0}$ は単調であるので収束する．一般の関数についてもこれを拡張すればよい． □

補題 3.4 f, g は有界な V による $\mathcal{B}_V$ 可測な関数で近似できて，さらに単調増加とする．このとき

$$\langle fg \rangle_{\mu,\omega} \geq \langle f \rangle_{\mu,\omega} \langle g \rangle_{\mu,\omega}$$

$\langle f \rangle_{\mu,\omega}$ は μ, ω について単調増加関数である．

証明. 補題 3.1 により, $q_{V,\mu,\omega}$ は FKG 方程式をみたすことから導かれる. □

系 3.2 任意の有限集合 M と任意のギップス測度 P について

$$Q_{\mu,0}([M]) \leq P([M]) \leq Q_{\mu,1}([M])$$

証明. $[M] = \{S : M \subset S \subset V\}$, すなわち M には分子が存在する配置全体であるので, $f = 1_{[M]}$ とおくと, 補題 3.4 により, $\langle f \rangle_{\mu,\omega}$ は単調増加なので

$$Q_{\mu,0}([M]) \leq Q_{\mu,\omega}([M]) \leq Q_{\mu,1}([M])$$

である. 外部条件 ω について, P で 3 つの式を積分をすると

$$\int Q_{\mu,\omega}([M])\,dP(\omega) = P([M])$$

であることから導かれる. □

定理 3.6 $Q_{\mu,0}$ と $Q_{\mu,1}$ は平行移動について不変で, ギップス測度全体の端点になっている. この 2 つが一致すればギップス測度はただ 1 つしかない.

証明. V の平行移動したものの V が全体に広がることから, $Q_{\mu,0}$ が平行移動について不変であることは明らかである. P_1 と P_2 を 2 つのギップス測度とし

$$Q_{\mu,0} = \lambda P_1 + (1-\lambda) P_2$$

と表されたとする.

$$Q_{\mu,0}([M]) = \lambda P_1([M]) + (1-\lambda) P_2([M]) \geq Q_{\mu,0}([M])$$

であるから, $P_1 = P_2 = Q_{\mu,0}$ でなければならない. □

補題 3.5 任意の有限集合 M について
$$0 \leq Q_{\mu,1}([M]) - Q_{\mu,0}([M]) \leq \#M(Q_{\mu,1}([x]) - Q_{\mu,0}([x]))$$
また，$Q_{\mu,1}([x]) = Q_{\mu,0}([x])$ ならば，ギップス測度は 1 つしかない．

証明．
$$f(\omega) = \sum_{x \in M} \omega_x - \prod_{x \in M} \omega_x$$
とおくと，これは ω の単調増加関数である．ただし ω_x は x における ω の値，すなわち x に分子があれば 1，なければ 0 である．任意の確率について
$$\langle f \rangle_{\mu,\omega} = \sum_{x \in M} \langle 1_{[x]} \rangle_{\mu,\omega} - \langle 1_{[M]} \rangle_{\mu,\omega} = \sum_{x \in M} Q_{\mu,\omega}([x]) - Q_{\mu,\omega}([M])$$
が成り立つ．補題 3.4 より，$\langle f \rangle_{\mu,\omega}$ は ω について単調増加なので
$$\sum_{x \in M} Q_{\mu,0}([x]) - Q_{\mu,0}([M]) \leq \sum_{x \in M} Q_{\mu,1}([x]) - Q_{\mu,1}([M])$$
すなわち
$$0 \leq Q_{\mu,1}([M]) - Q_{\mu,0}([M]) \leq \sum_{x \in M} Q_{\mu,1}([x]) - \sum_{x \in M} Q_{\mu,0}([x])$$
であることと，平行移動について不変であることから証明が終わる． □

補題 3.6 任意の筒集合 A に対して
$$Q_{\mu,\omega}^{+}(A) = \lim_{\mu' \downarrow \mu} Q_{\mu',\omega}(A)$$
$$Q_{\mu,\omega}^{-}(A) = \lim_{\mu' \uparrow \mu} Q_{\mu',\omega}(A)$$
は存在する．さらに
$$Q_{\mu,1}^{+}(A) = Q_{\mu,1}(A), \quad Q_{\mu,0}^{-}(A) = Q_{\mu,0}(A)$$

証明. $[M]$ のタイプの集合では補題 3.4 から極限の存在が示せるので，一般の場合にも極限が存在する．同様に $\mu < \mu'$ ならば $Q_{\mu',1}([M]) \geq Q_{\mu,1}([M])$ であるので $Q_{\mu,1}^+([M]) \geq Q_{\mu,1}([M])$ が成り立つ．また，$Q_{\mu',1}([M]) \leq q_{V,\mu',1}([M])$ より $\mu' \downarrow \mu$ ととれば，$q_{V,\mu',1}$ は $q_{V,\mu,1}$ に収束し，さらに $V \to \mathbb{Z}^\nu$ ととれば，これは $Q_{\mu,1}([M])$ に収束する． □

補題 3.7 V が $\mathbb{Z}^\nu$ にファン ホーベの意味で収束するなら

$$p(V,\mu,\omega) = \frac{1}{|V|} \log \Xi(V,\mu,\omega)$$

とおくとき

$$p(\mu) = \lim_{V \to \mathbb{Z}^\nu} p(V,\mu,\omega)$$

は ω によらない．

証明. V が $\mathbb{Z}^\nu$ にファン ホーベの意味で収束するなら，V の境界は V に比べて小さいことから証明される． □

補題 3.8 N_V で V 内の分子の数を表す．このとき

$$\beta^{-1} \frac{\partial}{\partial \mu^+} p(\mu) \geq \limsup_{V \to \mathbb{Z}^\nu} \left\langle \frac{N_V}{|V|} \right\rangle \geq \liminf_{V \to \mathbb{Z}^\nu} \left\langle \frac{N_V}{|V|} \right\rangle \geq \beta^{-1} \frac{\partial}{\partial \mu^-} p(\mu)$$

証明.

$$\begin{aligned}
\frac{\partial}{\partial \mu} \log \Xi(V,\mu,\omega) &= \frac{1}{\Xi(V,\mu,\omega)} \frac{\partial}{\partial \mu} \Xi(V,\mu,\omega) \\
&= \frac{1}{\Xi(V,\mu,\omega)} \sum_{M \subset V} \#M \exp[\mu \#M - U(M) - U(M,\omega)] \\
&= \langle N_V \rangle_{V,\mu,\omega}
\end{aligned}$$

さらに

$$
\begin{aligned}
\frac{\partial^2}{\partial \mu^2} &\log \Xi(V,\mu,\omega) \\
&= -\left(\frac{1}{\Xi(V,\mu,\omega)}\right)^2 \left(\sum_{M \subset V} \#M \exp[\mu\#M - U(M) - U(M,\omega)]\right)^2 \\
&\quad - \frac{1}{\Xi(V,\mu,\omega)} \sum_{M \subset V} (\#M)^2 \exp[\mu\#M - U(M) - U(M,\omega)] \\
&= \langle N_V^2 \rangle_{V,\mu,\omega} - \left(\langle N_V \rangle_{V,\mu,\omega}\right)^2
\end{aligned}
$$

は N_V の分散であるので非負である．したがって，$\log \Xi(V,\mu,\omega)$ は凹関数である．$\Delta > \Delta' > 0$ とする．$p(V,\mu,\omega)$ も凹関数であることから

$$
\begin{aligned}
\frac{p(\mu+\Delta) - p(\mu)}{\Delta} &= \lim_{V \to \mathbb{Z}^\nu} \frac{p(V,\mu+\Delta,\omega) - p(V,\mu,\omega)}{\Delta} \\
&\leq \limsup_{V \to \mathbb{Z}^\nu} \lim_{\Delta' \downarrow 0} \frac{p(V,\mu+\Delta,\omega) - p(V,\mu,\omega)}{\Delta} \\
&= \limsup_{V \to \mathbb{Z}^\nu} \left\langle \frac{N_V}{|V|} \right\rangle
\end{aligned}
$$

これで左辺を $\Delta \downarrow 0$ ととれば，$\frac{\partial}{\partial \mu^+} p(\mu)$ に収束する． $\square$

補題 3.9
$$
\frac{\partial}{\partial \mu^+} p(\mu) \geq Q_{\mu,1}([x]) \geq Q_{\mu,0}([x]) \geq \frac{\partial}{\partial \mu^-} p(\mu)
$$

証明． $\frac{N_V}{|V|}$ は単調増加であるので

$$
\left\langle \frac{N_V}{|V|} \right\rangle_{V,\mu,1} \geq \left\langle \frac{N_V}{|V|} \right\rangle_{\mu,1} = \frac{1}{|V|} \sum_{x \in V} \langle \omega_x \rangle_{\mu,1} = Q_{\mu,1}([x])
$$

したがって，
$$
\frac{\partial}{\partial \mu^+} p(\mu) \geq \limsup \left\langle \frac{N_V}{|V|} \right\rangle_{\mu,1} \geq Q_{\mu,1}([x])
$$

$\square$

命題 3.2 p が μ で微分可能ならば

$$\frac{\partial}{\partial \mu} p(\mu) = Q_{\mu,1}([x]) = Q_{\mu,0}([x])$$

また

$$\frac{\partial}{\partial \mu^+} p(\mu) = Q_{\mu,1}([x]), \quad \frac{\partial}{\partial \mu^-} p(\mu) = Q_{\mu,0}([x])$$

証明. 上式が成り立てばギップス測度は 1 つしかない．$\mu_n \downarrow \mu$ が存在して，μ_n で p が微分可能である．そこで

$$\frac{\partial}{\partial \mu^+} p(\mu) = \lim_{n \to \infty} \left.\frac{\partial}{\partial \mu} p(\mu)\right|_{\mu=\mu_n} = \lim_{n \to \infty} Q_{\mu_n,1}([x]) = Q_{\mu,1}([x])$$

□

第4章 温度，エントロピー，圧力，化学ポテンシャル

この章では，熱力学に現れてくる表現と今までの表現を比較してみよう．

4.1 温度とエントロピー

振動系を例に温度を考えてみよう．$\varepsilon_0 > 0$ をとり，1つの場所におけるエネルギー $0, \varepsilon_0, 2\varepsilon_0, \ldots$ ととびとびの値をとる場合を考えよう．ミクロカノニカルアンサンブルでは，全体の場所を N 個，全体の分子数を M 個とすると $E = M\varepsilon_0$ のエネルギーを一定に保った各状態に等しい確率を与えていると考える．各場所の分子数を $(n_1, \ldots, n_N)$ とすると

$$M = n_1 + \cdots + n_N$$

をみたす．この通り数は，図 4.1 のように M 個の赤玉と $N-1$ 個の白玉を1列に並べる通り数と次のように対応している．まず，1番目の場所の分子数 n_1 だけ赤玉を左から並べ，仕切りとして白玉を1つ入れる．ついで，2番目の場所の分子数 n_2 だけ白玉の隣に赤玉を並べて，また白玉で仕切りを作るというように M 個の白玉をおけばよい．したがって，赤玉と白玉の合計数 $N + M - 1$ 個の場所から，赤玉をおく $N-1$ 個を定めればよいので，場所全体の通り数は

$$\Omega(N, M\varepsilon_0) = \binom{N + M - 1}{N - 1}$$

になる．1カ所あたりの分子数を

$$m = \frac{M}{N}$$

とおこう．N が十分大きいと考えれば，スターリングの公式から

$$\Omega(N, M\varepsilon_0) \sim \frac{(N+M)^{N+M}}{N^N M^M} = (1+m)^N \left(\frac{m}{1+m}\right)^{-M}$$

とみなせる．

1つの場所がエネルギー E をもつ確率は，残りの場所を考えれば

$$p(E) = \binom{N+M-E/\varepsilon_0}{N-2} \times \binom{N+M-1}{N-1}^{-1}$$

同様にスターリングの公式を用いれば

$$\begin{aligned} p(E) &\sim (1+m)^{N-2} \left(\frac{m}{1+m}\right)^{-M+E/\varepsilon_0} (1+m)^{-N+1} \left(\frac{m}{1+m}\right)^M \\ &= \frac{1}{1+m} \left(\frac{m}{1+m}\right)^{E/\varepsilon_0} \end{aligned}$$

となるので

$$\theta = -\frac{\varepsilon_0}{\log \frac{m}{1+m}}$$

とおけば $p(E)$ は $e^{-E/\theta}$ に比例することが示された．これは表が $\frac{1}{1+m}$，裏が $\frac{m}{1+m}$ の硬貨を初めて表が出るまで投げる回数に現れる確率分布にあたる幾何分布（6.2.1項）であり，平均は m，分散が $m(1+m)$ になる．

全体の系を2つに分けて，系Iは場所の数 N_1，分子数 M_1，系IIは場所の数 N_2，分子数 M_2 とおいて，系IIは系Iに比べて十分大きいとする．系Iがエネルギー $M_1\varepsilon_0$ をもつ確率は全体の確率を考えれば

$$p(M_1\varepsilon_0) = \frac{\Omega(N_2, M_2\varepsilon_0) \times \Omega(N_1, M_1\varepsilon_0)}{\Omega(N, M\varepsilon_0)}$$

であるが，$N_2 = N - N_1$ はほぼ N，かつ $M_2 = M - M_1$ はほぼ M とみなして，$p(M_1\varepsilon_0)$ は $\Omega(N_1, M_1\varepsilon_0)$ に比例すると見れば，平均 m の幾何分布になる

ので，もっとも確からしいのは平均値

$$\frac{M_1^*}{N_1} = m$$

と思える．このときには

$$\begin{aligned}
p(M_1^*\varepsilon_0) &= \frac{\Omega(N-N_1,(M-M_1^*)\varepsilon_0)}{\Omega(N,M\varepsilon_0)}\Omega(N_1,M_1^*\varepsilon_0) \\
&= \frac{(N+M-N_1-M_1^*)!}{(N-N_1)!(M-M_1^*)!}\frac{N!M!}{(N+M)!}\Omega(N_1,M_1^*\varepsilon_0)
\end{aligned}$$

になるので，スターリングの公式を用いると

$$\frac{(N+M-N_1-M_1^*)!}{(N-N_1)!(M-M_1^*)!}\frac{N!M!}{(N+M)!}$$

$$\sim \frac{(N+M-N_1-M_1^*)^{N+M-N_1-M_1^*}}{(N-N_1)^{N-N_1}(M-M_1^*)^{M-M_1^*}}\frac{N^N M^M}{(N+M)^{N+M}}$$

$$= \frac{(N-N_1)^{N_1}(M-M_1^*)^{M_1^*}}{(N+M-N_1-M_1^*)^{N_1+M_1^*}} \times \frac{(1-\frac{N_1+M_1^*}{N+M})^{N+M}}{(1-\frac{N_1}{N})^N(1-\frac{M_1^*}{M})^M}$$

を得るが，$(1+\frac{1}{n})^n \to e$ であることを用いれば上の右辺の後半は $N, M \to \infty$ でほぼ1に等しく，前半は N_1 および M_1^* は N, M に比べて小さいことを用いると

$$\frac{N^{N_1}M^{M_1^*}}{(N+M)^{N_1+M_1^*}} = \frac{1}{(1+m)^{N_1}}\left(\frac{m}{1+m}\right)^{M_1^*} = \frac{1}{\Omega(N_1,M_1^*\varepsilon_0)}$$

にほぼ等しい．まとめれば $p(M_1^*\varepsilon_0)$ はほぼ1に等しいことになる．つまり，全体が大きくなれば系Iの分子の比率はほぼ m に等しいことがわかった．

一方，定義より

$$\frac{m}{1+m} = e^{-\varepsilon_0/\theta}$$

であるから

$$m = \frac{1}{e^{\varepsilon_0/\theta}-1}$$

が成り立つ．ここでエネルギーのギャップ ε_0 が十分に小さいとすると

$$m = \frac{\theta}{\varepsilon_0}$$

とみなせるので,系Iの平均エネルギーは

$$M_1^* \varepsilon_0 = N_1 m \varepsilon_0 = N_1 \theta$$

とみなしてよい.したがって,θ は1カ所あたりの分子の平均エネルギーとみなすことができる.1カ所あたりの平均エネルギーが温度であったから

$$\theta = T = \frac{1}{\beta}$$

をみたすことがわかった.ここでボルツマン定数は1とおいたことに再び注意しておこう.同時に,大きな系IIに接した系Iの確率分布は $e^{-\beta E}$ に比例することがわかった.これがカノニカルアンサンブルを与える.

ここで1カ所だけの正規化定数

$$Z(\beta) = \sum_l e^{-\beta E_l}$$

に注目すると

$$\begin{aligned}\frac{\partial}{\partial \beta} \log Z(\beta) &= -\frac{1}{Z(\beta)} \sum_l E_l e^{-\beta E_l} \\ &= -\langle E \rangle\end{aligned}$$

と1カ所あたりのエネルギーの平均が現れる.一方,具体的に計算してみると

$$Z(\beta) = \sum_{n=0}^{\infty} e^{-n\beta \varepsilon_0} = \frac{1}{1 - e^{-\beta \varepsilon_0}}$$

であることから

$$\begin{aligned}\frac{\partial}{\partial \beta} \log Z(\beta) &= \frac{1}{Z(\beta)} \frac{\partial}{\partial \beta} \left(\frac{1}{1 - e^{-\beta \varepsilon_0}} \right) \\ &= -\frac{e^{-\beta \varepsilon_0}}{1 - e^{-\beta \varepsilon_0}} \varepsilon_0 \\ &= -m \varepsilon_0\end{aligned}$$

となり,1カ所あたりの平均エネルギーが $m\varepsilon_0$ であることを再び得ることができる.

系Ⅰと系Ⅱが結合している系を考えよう．系Ⅰは系Ⅱに比べてはるかに小さいものとする．以下では区別をするために，系Ⅰのものは添え字1を，系Ⅱのものは添え字2を書くことにする．全体のエネルギーを E として，系Ⅰがエネルギー E_1 をもつ確率は

$$p(E_1) = \frac{\Omega_1(E_1) \times \Omega_2(E - E_1)}{\Omega(E)}$$

で与えられる．ところで系Ⅰは小さいので E_1 も E に比べて小さいと考えれば，

$$\frac{\Omega_2(E-E_1)}{\Omega(E)} \sim \frac{\Omega_2(E-E_1)}{\Omega_2(E)} = \exp[S_2(E-E_1) - S_2(E)]$$
$$\sim \exp\left[-\frac{\partial S_2}{\partial E}(E)E_1\right]$$

を得る．したがって

$$p(E_1) = \exp\left[-\frac{\partial S_2}{\partial E}(E)E_1\right]\Omega_1(E_1)$$

とみなせるので

$$\frac{\partial}{\partial E}S_2(E) = \beta$$

であることがわかる．

全体のエントロピーは

$$S(E) = \log \int \Omega_2(E-E_1)\Omega_1(E_1)\,dE_1$$

と表されるが，もっとも確からしいのは系が十分に大きいことから確率がもっとも高いところ，最尤値であると考えられる．つまり

$$\log \Omega_2(E-E_1) + \log \Omega_1(E_1)$$

の極値である．したがって

$$\frac{\partial}{\partial E}\log \Omega_2(E-E_1) = \frac{\partial}{\partial E}\log \Omega_1(E_1)$$

をみたす $E_1 = E^*$ であろう．これは

$$\frac{\partial}{\partial E}S_2(E - E^*) = \frac{\partial}{\partial E}S_1(E^*)$$

と表される．これは系 I の温度と系 II の温度が等しい ($\beta_1 = \beta_2$) ことを示している．さらに最尤値 E^* のまわりで展開をすると

$$\frac{\Omega_2(E - E^* - \delta) \times \Omega_1(E^* + \delta)}{\Omega_2(E - E^*) \times \Omega_1(E^*)}$$
$$= \exp[\log \Omega_2(E - E^* - \delta) - \log \Omega_2(E - E^*)$$
$$+ \log \Omega_1(E^* + \delta) - \log \Omega_1(E^*)]$$
$$= \exp\left[\left(-\frac{\partial}{\partial E}\log\Omega_2(E - E^*) + \frac{\partial}{\partial E}\log\Omega_1(E^*)\right)\delta\right.$$
$$\left. + \frac{1}{2}\left(\frac{\partial^2}{\partial E^2}\log\Omega_2(E - E^*) + \frac{\partial^2}{\partial E^2}\log\Omega_1(E^*)\right)\delta^2 + \cdots\right]$$
$$\sim \exp\left[\frac{1}{2}\left(\frac{\partial^2}{\partial E^2}\log\Omega_2(E - E^*) + \frac{\partial^2}{\partial E^2}\log\Omega_1(E^*)\right)\delta^2\right] \quad (4.1)$$

したがって，極大になるのは

$$-\Delta^{-2} = \frac{\partial^2}{\partial E^2}\log\Omega_2(E - E^*) + \frac{\partial^2}{\partial E^2}\log\Omega_1(E^*) < 0$$

となることである．(4.1) は $P(E_1)$ が平均 E^* のまわりで確率分布が

$$e^{-\delta^2/2\Delta^2}$$

にほぼ比例していることから，分散が Δ の正規分布に近いことを示している．この分散の大きさは，エネルギーやエントロピーを単位体積あたりの $\varepsilon = \frac{E}{N}$ や $\frac{1}{N}\log\Omega$ で考えると

$$\begin{aligned}\frac{\partial^2}{\partial E^2}\log\Omega &= N\frac{\partial^2}{\partial\varepsilon^2}\frac{1}{N}\log\Omega \times \left(\frac{\partial\varepsilon}{\partial E}\right)^2 \\ &= \frac{1}{N}\frac{\partial^2}{\partial\varepsilon^2}\frac{1}{N}\log\Omega\end{aligned} \quad (4.2)$$

となるので，系が大きくなると確率 $p(E)$ の分散（物理の言葉で言うならば揺らぎ）は N のオーダー $O(N)$ になるが，単位体積あたりのエネルギーで考えると，

$$\frac{\delta^2}{2\Delta^2} = \left(\frac{\delta\varepsilon}{N}\right)^2 O(N) = O\left(\frac{1}{N}\right)$$

であるので，分散が $O\left(\frac{1}{N}\right)$ で小さくなることがわかる．

このことは大数の法則（定理 6.3）と中心極限定理（定理 6.4）がエネルギーについて成り立つことを直接示したことになっている．すなわち，平衡状態においてエネルギーは確率的な平均量なので，その確率分布は分散が (系の大きさ)$^{-1}$ の正規分布に従うとみなせる．したがって，最尤値は平均値と一致していると考えてよく，さらに系が大きいことから分散がほぼ 0 になり常に一定の値が観測されることが示されたことになる．このことはエネルギーに限らず他の統計力学的諸量においても成り立つ．

4.2 圧力

ミクロカノニカル分配関数の対数をエントロピー，カノニカル分配関数の対数を自由エネルギーとよんでも，われわれの身近にある概念ではないので，なんの問題もないわけだが，グランドカノニカル分配関数の対数が圧力とよばれることには違和感を覚えたのではないだろうか．これについて考えてみよう．

図 4.2 のように，底面積 σ の筒の高さ h のところにある移動するふたの上に重さ w のおもりがおかれているとしよう．全体の系は筒の中の分子と筒の上にのせられたおもりであるので，全体のエネルギーは，筒の中の分子のエネルギーを E_1 とすると，おもりの位置エネルギーを考慮に入れて，

$$E = E_1 + wh$$

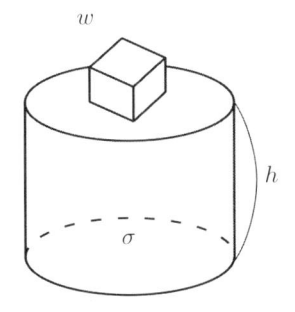

図 **4.2** 筒とおもり

である. E_1 以下である状態数は

$$\Omega(V, E_1) = \Omega(h\sigma, E - wh)$$

であるので,確率はこれに比例する.したがって,最尤値は

$$\frac{d}{dh}\Omega(V, E)$$
$$= -w\frac{\partial}{\partial E}\Omega(h\sigma, E - wh) + \sigma\frac{\partial}{\partial V}\Omega(h\sigma, E - wh) = 0$$

をみたす h であるので,この値を h^* と表そう.両辺を Ω でわれば

$$w\frac{\partial}{\partial E}\log\Omega(h\sigma, E - wh) = \sigma\frac{\partial}{\partial V}\log\Omega(h\sigma, E - wh) \tag{4.3}$$

と等しい.圧力は単位面積あたりにかかる力であるので,この系の圧力は

$$p(V, E) = \frac{w}{\sigma}$$

である.したがって,(4.3) から

$$p(V, E)\frac{\partial}{\partial E}S = \frac{\partial}{\partial V}S$$

を得る. $\frac{\partial}{\partial E}S = \beta$ であるので

$$\beta\, p(V, E) = \frac{\partial}{\partial V}S$$

を得る.確率が極大になるには,さらに h で微分して

$$w^2\frac{\partial^2}{\partial E^2}S - 2w\sigma\frac{\partial^2}{\partial E\partial V}S + \sigma^2\frac{\partial^2}{\partial V^2}S < 0$$

となることである.

　今度は,系 I と系 II がさらに大きな系の中にあるとしよう.2 つの系全体は底面積 σ,高さ h,体積 $V = h\sigma$ の筒の中にあり,図 4.3 のように移動できる壁で仕切られているとする.系 I と系 II を合わせた全体では,その逆温度 β は一定である.系 I が底から h_1 のところにある確率密度は

$$Z_1(h_1\sigma, \beta) \times Z_2((h - h_1)\sigma, \beta)$$

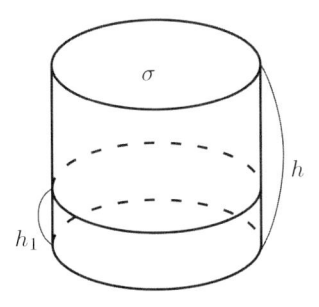

図 4.3 壁で仕切られた筒

に比例している．そこで最尤値 $V^* = h^*\sigma$ は，今までの計算と同様に

$$\frac{\partial}{\partial V} \log Z_1(V^*, \beta) = \frac{\partial}{\partial V} \log Z_2(V - V^*, \beta) \tag{4.4}$$

をみたす．この分布は 2 回微分まで考えれば

$$-\left(\frac{\partial^2}{\partial V^2} \log Z_1(V^*, \beta) + \frac{\partial^2}{\partial V^2} \log Z_2(V - V^*, \beta)\right) > 0$$

である．

最尤値のエネルギー E^* は

$$\frac{\partial}{\partial E} \log \Omega(V, E^*) = \beta$$

をみたすことから

$$\begin{aligned}
Z(V, \beta) &= \int e^{-\beta E} \Omega(V, E) \, dE \\
&= e^{-\beta E^*} \Omega(V, E^*) \\
&\quad \times \int \exp[-\beta(E - E^*) + \log \Omega(V, E) - \log \Omega(V, E^*)] \, dE \\
&\sim e^{\beta E^*} \Omega(V, E^*) \int \exp[-\beta(E - E^*) + \frac{\partial}{\partial E} \log \Omega(V, E^*)(E - E^*) \\
&\quad + \frac{1}{2} \frac{\partial^2}{\partial E^2} \log \Omega(V, E^*)(E - E^*)^2] \, dE \\
&= e^{-\beta E^*} \Omega(V, E^*) \int \exp\left[\frac{1}{2} \frac{\partial \beta}{\partial E} (E - E^*)^2\right] dE
\end{aligned}$$

$$= e^{-\beta E^*} \Omega(E^*, V) \sqrt{-2\pi \left(\frac{\partial E}{\partial \beta}\right)}$$

とみなせることになる．ここで

$$\int e^{-x^2/2v} dx = \sqrt{2\pi v}$$

であることと，β は逆温度であるのでエネルギーとは反比例することから根号内は正であることに注意しておこう．この関係式で最後の根号以外は V のオーダーであるので十分系が大きいとすれば最後の項は無視できて

$$\log Z(V, \beta) = \log \Omega(V, E^*) - \beta E^* \tag{4.5}$$

とみなすことができる．このことから

$$\frac{\partial}{\partial V} \log Z(V, \beta) = \frac{\partial}{\partial V} \log \Omega(V, E^*)$$

を得るので

$$\beta\, p(V, E^*) = \frac{\partial S}{\partial V} = \frac{\partial}{\partial V} \log \Omega(V, E^*) = \frac{\partial}{\partial V} \log Z(V, \beta)$$

も得る．したがって，(4.4) は 2 つの系の圧力が等しいところで壁が釣り合っているということを表し，われわれの直感にあっている．また E^* は逆温度 β によって定まるので，圧力は V と β の関数 $p(V, \beta)$ ともみなせる．

4.3 化学ポテンシャル

体積 V の箱に入っている全分子数 N，全エネルギー E の 2 つの系 I と 系 II の間を分子が行き来できるとすると系 I に分子が N_1 個あるという状態に対応する密度関数は

$$\Omega_1(N_1, E_1) \times \Omega_2(N - N_1, E - E_1) \tag{4.6}$$

に比例している．E_1 を固定して，分子の数を連続量とみなせば，最尤値は

$$\frac{\partial}{\partial N} \log \Omega_1(N_1, E_1) = \frac{\partial}{\partial N} \log \Omega_2(N - N_1, E - E_1)$$

をみたす $N_1 = N^*$ である．これは $\frac{\partial S_1}{\partial N} = \frac{\partial S_2}{\partial N}$ だから

$$\frac{\partial S}{\partial N} = -\beta\mu$$

が系に依存しないことを意味している．この μ を化学ポテンシャルという．いつもと同じように分子数の分散を 2 回微分することで求めてみると

$$\frac{\partial^2}{\partial N^2}\log\Omega_1(N^*, E_1) + \frac{\partial^2}{\partial N^2}\log\Omega_2(N^*, E - E_1)$$

は $O\left(\frac{1}{N}\right)$ であるから，分子数が多くなれば系 I にある分子の数は $N^* + O(1)$ であることがわかる．

正規化定数はパラメータ V も加えて表せば

$$\Xi(V, \beta, \mu) = \sum_{N=0}^{\infty}\int e^{\beta(-E+\mu N)}\Omega(V, N, E)\,dE = \sum_{N=0}^{\infty} e^{\beta\mu N} Z(V, N, \beta)$$

である．N の平均を求めると

$$\frac{1}{\Xi(V, \beta, \mu)}\sum_{N=0}^{\infty} N e^{\beta\mu N} Z(V, N, \beta) = \beta^{-1}\frac{\partial}{\partial \mu}\log\Xi(V, \beta, \mu)$$

に等しい．系が大きくなれば，この平均値は最尤値 N^* に一致するはずである．

$$\begin{aligned}
\frac{\partial}{\partial V}\log\Xi(V, \beta, \mu) &= \frac{1}{\Xi(V, \beta, \mu)}\sum_{N=0}^{\infty} e^{\beta\mu N}\frac{\partial}{\partial V}Z(V, N, \beta) \\
&= \frac{1}{\Xi(V, \beta, \mu)}\sum_{N=0}^{\infty} e^{\beta\mu N} Z(V, N, \beta)\frac{\partial}{\partial V}\log Z(V, N, \beta) \\
&= \frac{1}{\Xi(V, \beta, \mu)}\sum_{N=0}^{\infty} e^{\beta\mu N} Z(V, N, \beta)\beta\, p(V, \beta) \\
&= \beta\langle p\rangle
\end{aligned}$$

を得る．ここで熱力学的極限

$$\beta\tilde{p} = \lim_{V\to\infty}\frac{1}{|V|}\log\Xi(V, \beta, \mu)$$

の存在を考えれば，V が十分に大きいときには $\log \Xi(V,\beta,\mu) \sim |V|\beta\tilde{p}$ とみなせるので，

$$\frac{\partial}{\partial V} \log \Xi(V,\beta,\mu) \sim \beta\tilde{p}$$

言い換えれば $\tilde{p} = \langle p \rangle$ とみなせ，さらに十分大きな系では分散が小さいとみなせるので $\langle p \rangle = p$ と考えてよいことから

$$\beta p = \lim_{V \to \infty} \frac{1}{|V|} \log \Xi(V,\beta,\mu)$$

を得る．これが熱力学的極限による圧力の定義となっている．

第5章 統計力学の時間発展（エルゴード性）

1章ではボルツマンの仮定に基づく気体分子運動の話をした．それ以後は，時間を無視して，相空間の上の平衡状態とそれを特徴付ける諸量についてさまざまな考察を行ってきた．そこでこの本の最後に再び力学系の時間発展を考え，統計力学の基礎であるエルゴード仮説について考察してみよう．

5.1 エルゴード定理

既に平衡状態とは相空間の上の確率測度であることは理解できたと思われる．とは言うものの，初期状態が定まれば後はたとえ解くことができないほど多数とはいえ，微分方程式に基づく初期状態のみで定まる運動を，「ランダム」さ，を根拠に説明できるのかという点は解消できたとはいえないだろう．それを解き明かしてくれるのが，この章で考えるエルゴード性である．ある時点における平衡状態に基づくランダム性が，1つの初期状態から出発した軌道の「ランダム性」に反映されると考えればよいのだろう．しかし，この章におけるエルゴード性の議論は平衡状態における時間発展の議論であって，残念ながら非平衡状態から平衡状態への非可逆な運動を説明するものではない．時間に関する非可逆性は今もってまったく闇の中である．

数学的な力学系の定義を述べておこう．

定義 5.1 $(\Omega, \mathcal{B}, P)$ を確率空間，T を可測な変換で P を不変にするとき，これらを1組にして $(\Omega, \mathcal{B}, P, T)$ を力学系という．

統計力学の観点からは Ω が相空間を表し，T が時間発展を表している．T が可測であるとは，任意の $A \in \mathcal{B}$ について $T^{-1}(A) \in \mathcal{B}$ が成り立つことである．

$A \in \mathcal{B}$ であるとは，A が起きる確率 $P(A)$ が定まることを意味していて，可測性は $T^{-1}(A)$ が起きる確率，すなわち時間が1経過後に A に入る確率が測れることを意味していることからわかるように，自然な仮定である．そして，P が平衡状態に対応する．平衡状態であるから，時間発展に不変である必要があるがそのための仮定が T の不変性である．

変換 T が確率 P を不変にするとは，任意の $A \in \mathcal{B}$ について

$$P(T^{-1}A) = P(A)$$

をみたすことである．

すなわち，現時点で状態 A にいる確率と，時間が1経過した後に状態 A になる状態 $T^{-1}(A)$ の確率が等しいこと，すなわち時刻 A に今いる確率と時間が1経過後に A にいる確率が等しい，というわけで，平衡状態であることを表している．

数学におけるエルゴード理論はバーコフ (Birkhoff) による次のエルゴード定理から始まったといっても過言ではないだろう．

定理 5.1 (バーコフのエルゴード定理) $(\Omega, \mathcal{B}, P, T)$ を力学系とする．このとき，$f \in L^1$ について

$$\lim_{n \to \infty} \frac{1}{n} \sum_{k=0}^{n-1} f(T^k(\omega)) = \hat{f}(\omega) \quad \text{a.e.}$$

をみたす $\tilde{f} \in L^1$ が存在し，

$$\int \hat{f} \, dP = \int f \, dP$$

をみたす．

この定理を証明するにはルベーグ積分論の十分な準備が必要であり，この本の内容として適切とは思えないので省略をする．しかし，この定理の内容を理解しておくことは必要であろう

$T^k(\omega)$ は $T(\omega)$ の k 乗 $(T(\omega))^k$ ではなく，ω に T を k 回繰り返し作用することを表している．きちんと定義するなら，帰納的に

$$T^k(\omega) = \begin{cases} \omega & k = 0 \\ T(T^{k-1}(\omega)) & k \geq 1 \end{cases}$$

と定められる．T は時間が 1 だけ経過したことに対応しているとみなすので，T^k は時間が k だけ経過したことに対応する．この場合，時間は離散的であるとしている．時間を連続にすることもできるが煩わしい議論が増えるだけでメリットは感じられないので，今後も時間は主に離散の場合を考えよう．

$L^1 = L^1(\Omega, \mathcal{B}, P)$ については 6.3.3 項に述べるが，$f \in L^1$ とは f が積分が可能 ($\int |f| \, dP < \infty$) であることを意味している．統計力学的にみれば積分は平衡状態における平均であるから，f と $\tilde{f}$ は平均が一致する関数であることを上の定理は述べている．a.e. という記号についても，6.3.3 項に述べるが，定理の記述は丁寧に表すならば

$$P\left[\omega \in \Omega : \lim_{n \to \infty} \frac{1}{n} \sum_{k=0}^{n-1} f(T^k(\omega)) = \hat{f}(\omega)\right] = 1$$

を意味している．すなわち，$\frac{1}{n} \sum_{k=0}^{n-1} f(T^k(\omega))$ の極限が存在しなかったり，$\hat{f}(\omega)$ と一致しないような ω はたとえ存在しても，全部合わせて確率が 0, つまり起きないというわけである．

関数解析的には，空間 L^1 や 2 乗可積分 $\int |f|^2 \, dP < \infty$ な関数全体 L^2 の上で考えた方がすっきりしている場合も多い．この場合には，収束は L^1 や L^2 の上のノルムに関する収束を用いて，エルゴード定理を記述することができる．このタイプのエルゴード定理はフォン ノイマン (von Neumann) によって証明された．

エルゴード定理そのものの説明に移ろう．$f = 1_A$ ととってみるとわかりやすいだろう．ここで

$$1_A(\omega) = \begin{cases} 1 & \omega \in A \\ 0 & \omega \notin \Omega \end{cases}$$

つまり，A に属しているかどうかを表す関数である．

$$\sum_{k=0}^{n-1} 1_A(T^k(\omega)) = m$$

であるとは，$T^k(\omega) \in A$ となる $0 \leq k \leq n-1$ が m 個あるということだから，$\sum_{k=0}^{n-1} 1_A(T^k(\omega))$ は ω から出発したときに時刻 $n-1$ までの n 時間に A を訪

問した回数を表している．したがって，

$$\frac{1}{n}\sum_{k=0}^{n-1} 1_A(T^k(\omega))$$

は ω から出発して時刻 $n-1$ までに A を訪れる割合を表すことになる．$n \to \infty$ ととれば，長い時間に A を訪れる割合を表している．

自然な発想をするならば，長い時間にどこをどれだけ動き回るかは初期状態によらずに一定の値に近付くと思うだろう．しかし，エルゴード定理の保証していることは，ある可積分な関数に収束すること，そして極限の関数の積分（すなわち平均）がもとの関数の平均と一致することだけである．

積分の値が等しいことは P が平衡状態であることから

$$\int 1_A(T\omega)\,dP = P(T^{-1}(A)) = P(A) = \int 1_A(\omega)\,dP$$

であるので，一般の $f \in L^1$ についても

$$\int f(T^k(\omega))\,dP = \int f(\omega)\,dP$$

が示せる．これを用いれば

$$\begin{aligned}
\int \frac{1}{n}\sum_{k=0}^{n-1} f(T^k(\omega))\,dP &= \frac{1}{n}\sum_{k=0}^{n-1}\int f(T^k(\omega))\,dP \\
&= \frac{1}{n}\sum_{k=0}^{n-1}\int f(\omega)\,dP \\
&= \int f(\omega)\,dP
\end{aligned}$$

であることから，積分と極限の交換さえ可能ならば

$$\int f(\omega)\,dP = \int \hat{f}(\omega)\,dP$$

が成り立つことがわかる．このことから，極限の存在が示せれば，ルベーグ積分の一般論より定理の主張が成り立つことになる．

5.2 エルゴード性

定義 5.2 力学系 $(\Omega, \mathcal{B}, P, T)$ がエルゴード的であるとは，$A \in \mathcal{B}$ が $A = T^{-1}(A)$ をみたすならば $P(A) = 0$ もしくは $P(A) = 1$ であることである．

わかりにくい定義になっていると思われる．$A = T^{-1}(A)$ であるとは，時間が経過しても変わらない集合であることを意味している．そのようなものは基本的に空集合か全体集合しかない場合にエルゴード的であるとよぼうと，この定義は述べていることになる．力学系が 2 つの実現可能な部分，すなわち確率が正の A, B に分かれ，A から出発した軌道は A にとどまり，B から出発した軌道は B にとどまるとするなら，エルゴード的にはならないことになる．逆にいうならば，エルゴード的な軌道は Ω の中をくまなく回ることを意味していると考えてよいだろう．もっとラフな表現をするなら，よく混ざることを意味している．

このままでは，エルゴード定理とエルゴード性の関連が見えてこない．両者の関係を見ていこう．関数 $f: \Omega \to \mathbb{R}$ が不変であるとは，$f(T(\omega)) = f(\omega)$ がほぼ成り立つことである．正確に表現すると

$$P\{\omega \in \Omega : f(T(\omega)) = f(\omega)\} = 1$$

をみたすことである．

$$f(T(\omega)) = f(\omega) \quad \text{a.e.}$$

とも表す．以下では記号が煩雑にならないために，$f(\omega) = g(\omega)$ a.e. の場合にも，f と g は等しいとみなして，$f = g$ と表すことにしよう．この表現に従えば，f が不変であるとは $f(T(\omega)) = f(\omega)$ と表せる．

定理 5.2 力学系 $(\Omega, \mathcal{B}, P, T)$ について以下の条件は同値である．

(1) エルゴード的である
(2) 不変な関数は定数しかない
(3) $f \in L^1$ について，$\hat{f}$ は定数 $\int f(\omega)\, dP$ に等しい

証明. (1) が成り立つとする．f を不変な関数とするとき，任意の $\alpha \in \mathbb{R}$ について
$$A = \{\omega \in \Omega : f(\omega) < \alpha\}$$
とおくと
$$T^{-1}(A) = \{\omega \in \Omega : f(T(\omega)) < \alpha\}$$
であるが，f が不変なので $T^{-1}(A) = A$ である．したがって，$P(A) = 0$ または $P(A) = 1$ でなければならない．このことは f が定数であることを表している．

(2) が成り立つとする．定義より，任意の $f \in L^1$ について

$$\begin{aligned}
\hat{f}(T(\omega)) &= \lim_{n\to\infty} \frac{1}{n} \sum_{k=0}^{n-1} f(T^k(T(\omega))) \\
&= \lim_{n\to\infty} \frac{1}{n} \sum_{k=1}^{n} f(T^k(\omega)) \\
&= \lim_{n\to\infty} \frac{1}{n} \left[\sum_{k=0}^{n-1} f(T^k(\omega)) + f(\omega) - f(T^n(\omega)) \right] \\
&= \lim_{n\to\infty} \frac{1}{n} \sum_{k=0}^{n-1} f(T^k(\omega)) = \hat{f}(\omega)
\end{aligned}$$

つまり，$\hat{f}$ は不変であるので，(2) より定数でなければならない．さらに
$$\int \hat{f}(\omega)\, dP = \int f(\omega)\, dP$$
より
$$\hat{f}(\omega) = \int f(\omega)\, dP$$
であることが示された．

(3) が成り立つとする．A を不変な集合としよう．f を A の定義関数 1_A とする．

$\omega \in A$ ならば，不変性より $T^k(\omega) \in A$ であるから
$$\hat{1}_A(\omega) = \lim_{n\to\infty} \frac{1}{n} \sum_{k=0}^{n-1} 1_A(T^k(\omega)) = 1$$

同様に，$\omega \notin A$ ならば $\hat{1}_A(\omega) = 0$ が成り立つ．仮定より，$\hat{1}_A$ はほぼ定数であるから，$\hat{1}_A = 0$ または $\hat{1}_A = 1$ でなければならない．したがって，$P(A) = 0$ または $P(A) = 1$ でなければならない． $\square$

この証明では見通しをよくするために「ほぼ」成り立つという部分の厳密な議論は避けた．

この定理により，エルゴード性のもつ物理的な意味がわかってくる．f を集合 A の定義関数とするとき，左辺

$$\lim_{n\to\infty} \frac{1}{n} \sum_{k=0}^{n-1} 1_A(T^k(\omega))$$

は，初期状態 ω のときの軌道が A を訪問する割合を表している．右辺は力学系がエルゴード的ならば

$$\hat{1}_A(\omega) = \int 1_A(\omega)\,dP = P(A)$$

である．したがって，エルゴード定理により，力学系がエルゴード的ならばほとんどの初期状態において，その軌道が A を訪問する割合は平衡状態における（つまり現在）A にいる確率に等しいことになる．もちろん，A は自由に選べることにも注意しよう．このことを，

「時間平均が相平均に一致する」

と表現する．統計力学では「力学系はエルゴード的である」ことを仮定し，それが理論の基礎となっている．これをエルゴード仮説とよんでいる．平衡状態は確率であるので，ランダム性がある．一方，力学系の時間発展は決定論的ではあるが，長い時間を考えると，エルゴード的ならば平衡状態のランダム性が時間発展に反映していることを示しているといえる．より詳細に述べるならば，統計力学的な諸量は分子 1 つひとつの運動ではなく多数の分子の時間的な平均値として得られるので，エルゴード仮説がみたされているならば，この値は平衡状態という確率分布の平均値に等しいことになる．このことが，統計力学の現象を考えるときにランダム性をキーワードにすると説明がうまくできる根拠になっている．

エルゴード性を別の表現をしてみよう．

定理 5.3 力学系 $(\Omega, \mathcal{B}, P, T)$ について，エルゴード的であることと任意の $A, B \in \mathcal{B}$ について

$$\lim_{n \to \infty} \frac{1}{n} \sum_{k=0}^{n-1} P(A \cap T^{-k}(B)) = P(A)P(B) \tag{5.1}$$

であることは必要十分である．

証明． 力学系はエルゴード的としよう．定理 5.2 から f を B の定義関数 1_B ととると

$$\lim_{n \to \infty} \frac{1}{n} \sum_{k=0}^{n-1} 1_B(T^k(\omega)) = P(B) \quad \text{a.e.}$$

が成り立つ．さらに $1_B(T^k(\omega)) = 1$ ならば，$T^k(\omega) \in B$ であるので，$\omega \in T^{-k}(B)$ が成り立つことに注意して，両辺に A の定義関数 1_A をかけると

$$\lim_{n \to \infty} \frac{1}{n} \sum_{k=0}^{n-1} 1_{A \cap T^{-k}B}(\omega) = \lim_{n \to \infty} \frac{1}{n} \sum_{k=0}^{n-1} 1_A(\omega) 1_B(T^k(\omega))$$
$$= 1_A(\omega) P(B) \quad \text{a.e.}$$

が成り立つ．両辺を P で積分すれば

$$\lim_{n \to \infty} \frac{1}{n} \sum_{k=0}^{n-1} P(A \cap T^{-k}B) = P(A)P(B)$$

が成り立つ．

逆に (5.1) がすべての $A, B \in \mathcal{B}$ について成り立つとしよう．A を不変な集合として $B = A$ ととれば，$A \cap T^{-k}(A) = A \cap A = A$ であるので (5.1) は

$$P(A) = \lim_{n \to \infty} \frac{1}{n} \sum_{k=0}^{n-1} P(A \cap T^{-k}A) = P(A)^2$$

となる．したがって，$P(A)$ は 0 または 1 でなければならない．つまり，エルゴード的である．　□

この定理もエルゴード性をわれわれの直感と結び付けてくれる．$\omega \in A \cap T^{-k}(B)$ とは，現在 A にいて時刻 k には B にいるという初期条件である．長い時間が経過するとはじめに A にいたことと，いずれ B に入ることとは独立 $P(A)P(B)$ になることを意味している．言い換えれば，最初の状態について，力学系はだんだん平均としては「忘れていく」ことを示していることになる．このことをもっと強い仮定にしたのが次の性質である．

定義 5.3 力学系 $(\Omega, \mathcal{B}, P, T)$ が混合的であるとは，任意の $A, B \in \mathcal{B}$ について

$$\lim_{n \to \infty} P(A \cap T^{-n}(B)) = P(A)P(B)$$

をみたすことである．

エルゴード的であることは，平均をすれば過去のことを忘れていくことを表しているのに対して，混合性は平均しなくても徐々に過去のことを忘れていくことを表している．自然現象でより身近に感じられる性質であろう．もちろん，混合的であればエルゴード的である．

問題となるのは，現実の統計力学の対象となる自然現象，もしくはそのモデルにおいてエルゴード仮説が成り立つことを示すことである．これはまったく容易な問題ではなく，正直に言えばほとんど解決されていないといった状態である．数学的にエルゴード性を示せるのは，物理からみればおもちゃのようなものにすぎないかもしれない．しかし，物理から輸入された概念が，さまざまな純粋数学にも用いられるようになっている．このことについても語ってみよう．これらが，再び物理の世界に還元され，自然現象へと適用できるようになるであろう．

5.2.1 数学的なモデル

本来の目標は統計力学をモデル化した力学系のエルゴード性を示すことである．ここで示す例は相空間が 1 次元の場合である．本来，無限個の分子の運動を考えたい立場である統計力学からみれば単純なものにすぎないが，それでもなかなか容易ではないことがわかってもらえるだろう．

例 5.1 $\Omega = [0,1]$ のとき, $T: \Omega \to \Omega$ を考える.

(1) ベータ変換 (図 5.1) であるとは $\beta > 1$ について
$$T(\omega) = \beta\omega \pmod 1$$

(2) ワイル変換 (図 5.1) であるとは
$$T(\omega) = \omega + \alpha \pmod 1$$

(3) 連分数変換 (図 5.2) であるとは
$$T(\omega) = \frac{1}{\omega} \pmod 1$$

例を説明しよう. ベータ変換では, $\omega \in [0,1]$ に対して $\beta\omega$ の整数部分を $a(\omega)$ で表すと, $\beta\omega$ を整数部分と少数部分に分けて
$$\beta\omega = a(\omega) + T(\omega)$$
これを繰り返せば
$$\omega = \frac{a(\omega)}{\beta} + \frac{a(T(\omega))}{\beta^2} + \cdots + \frac{a(T^{n-1}(\omega))}{\beta^{n-1}} + \frac{T^n(\omega)}{\beta^n}$$
を得る. これを ω のベータ展開と言うが, ω の T による軌道により求めることができ, $\beta = 2$ のときにはちょうど 2 進展開になっている. 見方を変えると, $[0, \frac{1}{2}]$ を区間 0, $(\frac{1}{2}, 1]$ を区間 1 と名前を付けて, ω の軌道, $\omega, T(\omega), T^2(\omega), \ldots$ の入った区間の名前をつなげていっても 2 進展開を得られることに対応している. $\frac{1}{2}$ を区間 0 のほうに入れたのは, 例えば $\frac{1}{2}$ の 2 進展開として $0.0111\cdots$ ではなく, $0.1000\cdots$ のほうを採用したことによる. ベータ展開はその拡張であり, ベータ変換はベータ展開を得る変換である.

ワイル変換は, $[0,1]$ の上の変換とみるよりも, 単位円の上の回転と見るほうがわかりやすいかもしれない. ω が有理数ならば周期的になるが, そうでない場合には, 全体をまわる (正確に言えば稠密である) ことを示すことができる.

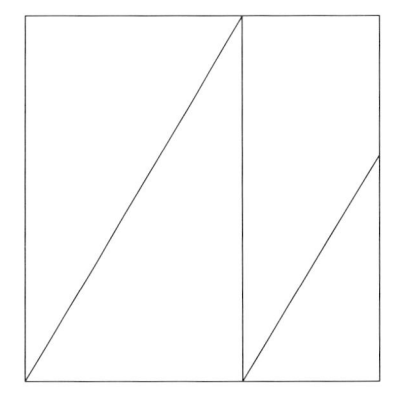

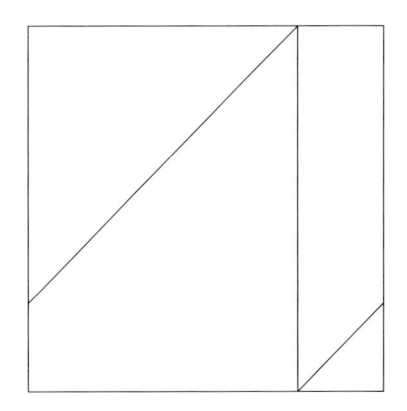

図 5.1 ベータ変換とワイル変換

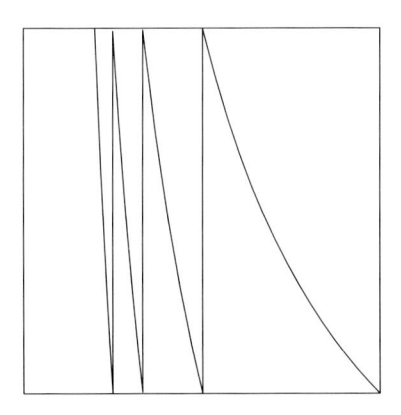

図 5.2 連分数変換の一部 ($0 < x \leq \frac{1}{4}$ は略)

これは鳩の巣原理とよばれる鳩の巣が n 個, 鳩が $n+1$ 羽いれば, どこかの巣には2羽以上いる.
という当たり前の法則から示すことができる.

点 ω の時間発展 $\omega, T(\omega), \ldots, T^n(\omega)$ を考えると, 無理数であることからすべての点は異なる. これらの点を鳩, 円周を n 等分した各区間を鳩の巣とみれば, 鳩の巣原理により, どこかの区間には鳩が2羽いるはずだから, ある $0 \leq k < l \leq n$ があって, $T^k(\omega)$ と $T^l(\omega)$ の距離は $\frac{2\pi}{n}$ 以下である. このことと変換 T は2点間の距離を変えないことから, $T^{l-k}(\omega)$ と0距離は $\frac{2\pi}{n}$ 以下になる. 以上より, $T^{m(l-k)}(\omega)$ $(m \geq 0)$ は円周を $\frac{2\pi}{n}$ 以下に分割することになる. n は任意であったから, ω の軌道は円周の上で稠密であることがわかる. 一方で, その軌道はある程度の周期性を残している.

連分数変換はディファンタス近似といわれる数論の歴史的にも重要な問題と関連している. ベータ変換と同様に $\frac{1}{\omega}$ の整数部分を $a(\omega)$ と表すと

$$\frac{1}{\omega} = a(\omega) + T(\omega)$$

すなわち

$$\omega = \frac{1}{a(\omega) + T(\omega)}$$

であるので, これを繰り返せば

$$\omega = \cfrac{1}{a(\omega) + \cfrac{1}{a(T(\omega)) + \cfrac{1}{a(T^2(\omega) + \cdots}}}$$

を得る. これを連分数展開という. ここで互いに素な正の整数 $p_n = p_n(\omega)$, $q_n = q_n(\omega)$ を

$$\frac{p_n}{q_n} = \cfrac{1}{a(\omega) + \cfrac{1}{a(T(\omega)) + \cfrac{1}{\ddots + \cfrac{1}{a(T^{n-1}(\omega))}}}}$$

で定めると，この有理数は ω の良好な近似（ディオファンタス近似）を与えることでギリシャ時代より有名である．ここで後のために

$$p_n q_{n-1} - p_{n-1} q_n = 1 \tag{5.2}$$

および

$$\psi_n(x) = \cfrac{1}{a(\omega) + \cfrac{1}{a(T(\omega)) + \cfrac{1}{\ddots + \cfrac{1}{a(T^{n-1}(\omega)) + x}}}}$$

とおくと

$$\psi_n(x) = \frac{p_n + x p_{n-1}}{q_n + x q_{n-1}} \tag{5.3}$$

をみたすことを注意しておこう．このことは例えば

$$\frac{q_1}{p_1} = \frac{1}{a_1}$$

$$\frac{q_2}{p_2} = \cfrac{1}{a_1 + \cfrac{1}{a_2}}$$

これより，$q_1 = 1, p_1 = a_1, q_2 = a_2, p_2 = a_1 a_2 + 1$ である．したがって

$$p_2 q_1 - p_1 q_2 = a_1 a_2 + 1 - a_1 a_2 = 1$$

および

$$\begin{aligned}
\psi_2(x) &= \cfrac{1}{a_1 + \cfrac{1}{a_2 + x}} \\
&= \frac{a_2 + x}{a_1 a_2 + a_1 x + 1} \\
&= \frac{q_2 + x q_1}{p_2 + x p_1}
\end{aligned}$$

であることが確かめられる．一般の場合も帰納法でチェックできる．

5.2.2 エルゴード性の証明

次の主張では，密度関数 (p.205) をもつ確率測度（ルベーグ測度に絶対連続という）について述べているので，数学的にいうと厳密性を欠いている．たとえば (1) では，正確には「$\beta > 1$ ならばある密度関数をもつ不変確率測度が存在してエルゴード的であり，$0 < \beta \leq 1$ ではどのような密度関数をもつ確率測度についてもエルゴード的ではない」と言わなければならない．

定理 5.4 (1) $\beta > 1$ のときのベータ変換はエルゴード的である．$0 < \beta \leq 1$ ではエルゴード的ではない．

(2) α が無理数のときにはワイル変換はエルゴード的である．α は有理数のときはエルゴード的ではない．

(3) 連分数変換はエルゴード的である．

証明．

(1) $0 < \beta < 1$ のときには $\beta\omega \in [0,1]$ であるので

$$T^n(\omega) = \beta^n \omega$$

をみたす．したがって，

$$\lim_{n \to \infty} T^n(\omega) = 0$$

である．任意の $0 < a < 1$ について $T^{-1}[0,a) = [0, T(a)) \subsetneq [0, a)$ である．したがって，不変な確率は原点 0 にすべての確率が乗っているもので，密度関数をもつ不変確率は存在しない．

$\beta = 1$ のときはすべての点が不動点であるので明らかにエルゴード的ではない．ここでは $\beta > 1$ の場合をとくに β が整数のときにのみ証明する．β が整数でないときには不変測度が $[0,1]$ のルベーグ測度（つまり普通の長さ）ではないので，後回しにしよう．

証明は同じなので，わかりやすくするために $\beta = 2$ としよう．f を不変な

関数とする．f のフーリエ級数展開（6.3.4 項）を

$$f(\omega) = \sum_{n=-\infty}^{\infty} a_n e^{2n\pi i \omega}$$

と表すと

$$\begin{aligned} f(\omega) &= f(T(\omega)) = \sum_{n=-\infty}^{\infty} a_n e^{2n\pi i T(\omega)} \\ &= \sum_{n=-\infty}^{\infty} a_n e^{4n\pi i \omega} \end{aligned}$$

が成り立つ．フーリエ級数は一意的であるので

$$a_{2n} = a_n, \quad a_{2n+1} = 0$$

したがって，$n = 0$ を除いて $a_n = 0$ であることがわかる．すなわち，f は定数である．このことから β が整数のときにはエルゴード的であることがわかる．

(2) ワイル変換の場合には，α が有理数 $\frac{p}{q}$ なら $T^q(\alpha) = 0$ であるので，ω の軌道はたかだか q 個の点しか通らない．したがって，例えば $[0, \frac{1}{2p}], [\frac{1}{p}, \frac{3}{2p}], \ldots$ の和集合を A（図 5.3）とすると，これらは $T^{-1}(A) = A$ をみたすので不変であるが，全体のルベーグ測度は $\frac{1}{2}$ であるから，エルゴード的ではあり得ない．

α が無理数ならば，$T^n(\alpha)$ は任意の n について α と等しくなることはないので，再び不変な関数 f のフーリエ級数を考えると

$$\begin{aligned} f(\omega) &= f(T(\omega)) = \sum_{n=-\infty}^{\infty} a_n e^{2n\pi i T(\omega)} \\ &= \sum_{n=-\infty}^{\infty} a_n e^{2n\pi i (\omega + \alpha)} \end{aligned}$$

再びフーリエ級数の一意性から

$$a_n = e^{2n\pi i \alpha} a_n$$

したがって，$n = 0$ を除いて $a_n = 0$ であるので，エルゴード的である．

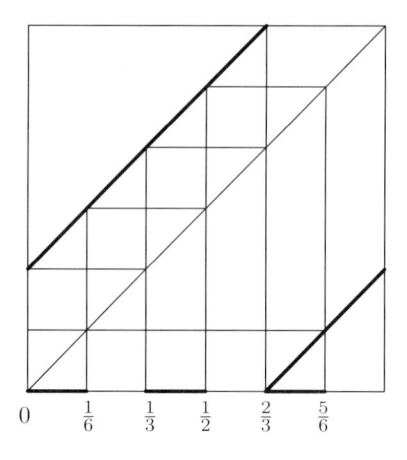

図 5.3 $T(\omega) = \omega + \frac{1}{3}$ について $[0, \frac{1}{6}) \cup [\frac{1}{3}, \frac{1}{2}) \cup [\frac{2}{3}, \frac{5}{6})$ は不変な集合

(3) 連分数変換では，ルベーグ測度は不変測度ではない．ガウス (Gauss) によって与えられた

$$P(A) = \frac{1}{\log 2} \int_A \frac{dx}{1+x}$$

が不変確率測度である．これが確率になることは容易にわかる．ここに現れる

$$f(x) = \frac{1}{\log 2} \cdot \frac{1}{1+x}$$

が密度関数である．すなわち，集合 A の確率は

$$P(A) = \int_A f(x)\,dx$$

で与えられる．この確率測度が不変であることを示そう．任意の $0 < a < 1$ について

$$T^{-1}[0,a] = \bigcup_{k=1}^{\infty} \left[\frac{1}{k+a}, \frac{1}{k}\right]$$

であることと

$$\int_{1/(k+a)}^{1/k} \frac{dx}{1+x} = \log\left(1 + \frac{1}{k}\right) - \log\left(1 + \frac{1}{k+a}\right)$$

$$
\begin{aligned}
&= \log\left(1+\frac{a}{k}\right) - \log\left(1+\frac{a}{k+1}\right) \\
&= \int_{a/(k+1)}^{a/k} \frac{dx}{1+x}
\end{aligned}
$$

より

$$
\begin{aligned}
P(T^{-1}[0,a)) &= \frac{1}{\log 2} \sum_{k=1}^{\infty} \int_{1/(k+a)}^{1/k} \frac{dx}{1+x} \\
&= \frac{1}{\log 2} \sum_{k=1}^{\infty} \int_{a/(k+1)}^{a/k} \frac{dx}{1+x} \\
&= \frac{1}{\log 2} \int_0^a \frac{dx}{1+x} = P([0,a))
\end{aligned}
$$

により不変性がでる．エルゴード性を示すには密度関数が

$$\frac{1}{2\log 2} \leq \frac{1}{\log 2} \cdot \frac{1}{1+x} \leq \frac{1}{\log 2}$$

をみたすことにまず注意しよう．正の整数 $a_1,\ldots,a_n$ を選んで $a(\omega) = a_1,\ldots,a(T^{n-1}\omega)) = a_n$ をみたす $\omega \in [0,1]$ 全体を Δ_n で表そう．$x < y$ なら，Δ_n ごとに $[x,y]$ の T^n による逆像が 1 つ存在して

$$T^{-n}[x,y] \cap \Delta_n = \begin{cases} [\psi_n(x), \psi_n(y)) & n \text{ は偶数} \\ (\psi_n(y), \psi_n(x)] & n \text{ は奇数} \end{cases}$$

と表される．したがって，(5.2) と (5.3) から

$$
\begin{aligned}
\frac{|T^{-n}[x,y] \cap \Delta_n|}{|\Delta_n|} &= \frac{\psi_n(y) - \psi_n(x)}{\psi_n(1) - \psi_n(0)} \\
&= (y-x) \frac{q_n(q_n + q_{n-1})}{(q_n + xq_{n-1})(p_n + xp_{n-1})}
\end{aligned}
$$

が成り立つ．したがって

$$\frac{1}{2}(y-x) \leq \frac{|T^{-n}[x,y] \cap \Delta_n|}{|\Delta_n|} \leq 2(y-x)$$

を得る．これより

$$P(T^{-n}[x,y]|\Delta_n) = \frac{P(T^{-n}[x,y] \cap \Delta_n)}{P(\Delta_n)}$$

$$\leq \frac{1}{\log 2}|T^{-n}[x,y] \cap \Delta_n| \times \frac{2\log 2}{|\Delta_n|}$$
$$\leq 4(y-x)$$
$$\leq 8\log 2 P([x,y))$$

同様に逆の不等式もでるので

$$\frac{\log 2}{4}P([x,y)) \leq P(T^{-n}[x,y)|\Delta_n) \leq 8\log 2 P([x,y))$$

を得る．すべての区間 $[x,y)$ について成立するので，任意の $A \in \mathcal{B}$ について

$$\frac{\log 2}{4}P(A) \leq P(T^{-n}(A)|\Delta_n) \leq 8\log 2 P(A) \tag{5.4}$$

が成り立つ．
A を不変な集合としよう．$T^{-n}(A) = A$ であるから，

$$\frac{\log 2}{4}P(A) \leq P(A|\Delta_n) \leq 8\log 2 P(A)$$

である．$P(A) > 0$ ならば

$$\frac{\log 2}{4}P(\Delta_n) \leq P(\Delta_n|A)$$

が成り立つ．任意の区間は Δ_n の形の区間の和集合で表すことができるので，任意の $B \in \mathcal{B}$ についても

$$\frac{\log 2}{4}P(B) \leq P(B|A)$$

が成り立つことになるが，$B = A^c$ ととると，右辺は 0 であるので $P(A^c) = 0$，したがって $P(A) = 1$ である．これよりエルゴード性が示された．

□

ここで 1 つ注意しておこう．ある力学系がエルゴード的であるかどうかは測度にもよっている．上の例は区間の上の力学系であるが，区間の上には自然に通常の長さ（ルベーグ測度）があるので，区間の上の力学系の平衡状態としては密度関数をもつもののみを考えている．極端な話としては，$T(\omega) = \omega + \frac{1}{2}$ (mod 1) ならば，

$$T\left(\frac{1}{3}\right) = \frac{5}{6}, \quad T\left(\frac{5}{6}\right) = \frac{1}{3}$$

であるので，点 $\frac{1}{3}$ と $\frac{5}{6}$ に $\frac{1}{2}$ ずつ確率があるときには確かにエルゴード的であるが，あまりに不自然なことは納得がいくことだろう．

5.3 さまざまなエルゴード性

エルゴード仮説に対応するエルゴード性と，より強い物理現象に対応する自然な性質である混合性について前の節で述べた．この節ではいささか細かい話になるが，後での関連のために，エルゴード性と混合性の間にある弱混合性と，混合性より強い性質である K システムとベルヌーイ性について述べておこう．

定義 5.4 力学系 $(\Omega, \mathcal{B}, P, T)$ が弱混合性をもつとは，任意の $A, B \in \mathcal{B}$ について

$$\lim_{n \to \infty} \frac{1}{n} \sum_{k=0}^{n-1} \left| P(A \cap T^{-k}B) - P(A)P(B) \right| = 0$$

をみたすことである．

上の定義における絶対値を入れ替えれば

$$\left| \frac{1}{n} \sum_{k=0}^{n-1} P(A \cap T^{-k}B) - P(A)P(B) \right|$$
$$= \left| \frac{1}{n} \sum_{k=0}^{n-1} \left(P(A \cap T^{-k}B) - P(A)P(B) \right) \right|$$
$$\leq \frac{1}{n} \sum_{k=0}^{n-1} \left| P(A \cap T^{-k}B) - P(A)P(B) \right|$$

を得るので，弱混合的ならばエルゴード的であることがわかる．また，混合的であれば任意の $\varepsilon > 0$ について，ある n_0 があって $n \geq n_0$ ならば

$$\left| P(A \cap T^{-n}B) - P(A)P(B) \right| < \varepsilon$$

である．また，一般に

$$\left| P(A \cap T^{-k}B) - P(A)P(B) \right| \leq 2$$

であるから，n_1 を十分大きくとれば $n \geq n_1$ で

$$\frac{1}{n}\sum_{k=0}^{n_0-1} \left| P(A \cap T^{-k}B) - P(A)P(B) \right| < \varepsilon$$

をみたす．以上を合わせれば，$n \geq \max\{n_0, n_1\}$ ならば

$$\frac{1}{n}\sum_{k=0}^{n-1} \left| P(A \cap T^{-k}B) - P(A)P(B) \right|$$
$$= \frac{1}{n}\sum_{k=0}^{n_0-1} \left| P(A \cap T^{-k}B) - P(A)P(B) \right| + \frac{1}{n}\sum_{k=n_0}^{n-1} \left| P(A \cap T^{-k}B) - P(A)P(B) \right|$$
$$< 2\varepsilon$$

を得ることから，混合的ならば弱混合的であることがわかる．

K システムとは，現代確率論の創始者であり，エントロピーを数学的に定義したコルモゴロフ (Kolmogorov) の頭文字から来ている．これを説明するには，まず可測分割の話から始める必要がある．まず，以下では，記述を簡単にするために確率 0 は無視して議論をする．つまり $P(A \cap B) = 0$ ならば A と B は互いに素とみなすことにしよう．$\xi = \{A_\alpha\}_\alpha$ が可測分割であるとは，A_α は互いに交わりをもたない可測集合 $A_\alpha \in \mathcal{B}$ であって，Ω の分割 $\bigcup_\alpha A_\alpha = \Omega$ になっているものである．

分割の間には自然に順序を考えることができる．$\xi \prec \xi'$ であるとは，ξ は ξ' より粗い分割で，ξ の元は ξ' のいくつかの元の和で表されるとすればよい．

定義 5.5 可測分割の列 ξ_λ ($\lambda \in \Lambda$) について，

(1) $\xi = \bigvee_{\lambda \in \Lambda} \xi_\lambda$ とは，

    (a) すべての ξ_λ について $\xi_\lambda \prec \xi$ をみたす

    (b) すべての $\lambda \in \Lambda$ について $\xi' \succ \xi_\lambda$ ならば $\xi \prec \xi'$ をみたす

(2) $\xi = \bigwedge_{\lambda \in \Lambda} \xi_\lambda$ とは，

    (a) すべての ξ_λ について $\xi_\lambda \succ \xi$ をみたす

    (b) すべての $\lambda \in \Lambda$ について $\xi' \prec \xi_\lambda$ ならば $\xi \succ \xi'$ をみたす

と定義する．これらは通常の上限と下限に対応している．

定義 5.6 ξ が生成分割であるとは $\bigvee_{k=0}^{\infty} T^k \xi$ の作る σ 代数（アルジェブラ）が $\mathcal{B}$ と一致することである．

定義 5.7 力学系 $(\Omega, \mathcal{B}, P, T)$ が K システムであるとは，逆変換 T^{-1} が存在し

(1) $T\xi \succ \xi$ かつ ξ は生成分割

(2) $\bigwedge_{n=-\infty}^{\infty} T^n \xi$ はもっとも単純な分割 $\{\Omega\}$ になる

をみたす可測分割 ξ が存在することである．

上の K システムの定義には測度が関係ないようにみえるだろう．しかし，上の議論で測度 0 の違いは無視していることを思い出そう．些細な関わりに見えるかもしれないが，次の定理を見れば重要な役割を果たしていることがわかるだろう．

定理 5.5 K システムは混合的である．

証明. B を分割 ξ で可測な集合とするとき，$T^{-n}B$ は $T^{-n}\xi$ 可測であるので，補題 6.2 により

$$|P(A \cap T^{-n}B) - P(A)P(B)|$$
$$= \left| \int_{\Omega/T^{-n}\xi} \left(P(A|T^{-n}\xi)1_B - P(A)1_B \right) dP|_{T^{-n}\xi} \right|$$
$$\leq \int_{\Omega/T^{-n}\xi} |P(A|T^{-n}\xi) - P(A)| dP|_{T^{-n}\xi}$$

$\bigwedge_{n=-\infty}^{\infty} T^n\xi$ は分割 $\{\Omega\}$ になることと，ドゥーブの定理（定理 6.6）により，$P(A|T^{-n}\xi) \to P(A)$ であるので $P(A \cap T^{-n}B) - P(A)P(B)$ が ξ で可測な B によらず一様に 0 に収束することが示された．

一般の $B \in \mathcal{B}$ についても ξ が生成分割であるので，上の式で近似できる．□

系 5.1 連分数展開は混合的である．

証明. ξ_n を

$$\Delta_n = \{\omega \in [0,1] \colon a(\omega) = a_1, \ldots, a(T^{n-1}(\omega)) = a_n\}$$

の形をした筒集合による分割とする．このとき，明らかにこの分割 ξ_n は単調増加で生成分割になる．一方，$A \in \bigwedge_{i=1}^{\infty} \xi_i$ とすると，$B \in \mathcal{B}$ があって $A = T^{-n}(B)$ と表される．(5.4) から

$$\frac{\log 2}{4} P(A) = \frac{\log 2}{4} P(T^{-n}(B)) = \frac{\log 2}{4} P(B) \leq P(T^{-n}(B)|\Delta_n) = P(A|\Delta_n)$$

を得る．$P(A) > 0$ ならば，前と同様に，任意の $C \in \mathcal{B}$ について

$$\frac{\log 2}{4} P(C) \leq P(C|A)$$

が成り立つから，$C = A^c$ ととることで $P(A) = 1$ がでる．したがって，$\bigwedge_{i=1}^{\infty} \xi_i$ は測度 0 または 1 の集合のみなる集合族であることがわかる．

連分数変換には逆変換が存在しないので，K システムにはならないが，上に示した K システムが混合的であることの証明とまったく同様に連分数変換が混合的であることが示せる．□

定義 5.8 力学系 $(\Omega, \mathcal{B}, P, T)$ がベルヌーイ (Bernoulli) であるとは可測分割 ξ が存在して, $A, B \in \xi$ について

$$P(A \cap T^{-1}B) = P(A)P(B)$$

が成り立つことである.

ベルヌーイならば $\bigvee_{k=-\infty}^{0} T^k \xi$ が K 分割になるので K システムであることがわかる. ここで注意しなければならないのは, 例えば

$$\Omega = \{0,1\}^{\mathbb{Z}}$$

の場合だと, 素朴な意味でのベルヌーイとはそれぞれの位置で 0 をとる確率 p, 1 をとる確率 $1-p$ の $(p, 1-p)$ ベルヌーイであろう. この場合のベルヌーイ性を与える分割は $\omega = \cdots \omega_{-1} \omega_0 \omega_1 \cdots \in \{0,1\}^{\mathbb{Z}}$ と表したときに, $\{\omega: \omega_0 = 0\}$ と $\{\omega: \omega_0 = 1\}$ で作られる 0 座標の値で分ける分割である. しかし, 一般のベルヌーイではこのように目に見える分割であるとは限らない.

5.4 時間が連続な場合

今まで時間が離散な場合のみを語ってきたが, ここで連続な場合についても述べておこう. T_t を時刻 t における初期状態が ω のときの時刻 t における位置 $T_t(\omega)$ を与える作用素と考える. 当然

$$T_{t+s}(\omega) = T_t(T_s(\omega))$$

が成り立つ. すなわち, 時間 $(-\infty, \infty)$ で考えれば作用素 T_t は群の性質をもつ. このとき, T_t は流れとよばれる. とくに時間が 1 だけ経つ作用素 T_1 のみを考えれば $T_2 = (T_1)^2$ などと離散型の場合に還元されるので, 新しいことはない. エルゴード定理も和の代わりに積分として表されるだけである.

定理 5.6(バーコフのエルゴード定理) $(\Omega, \mathcal{B}, P, T)$ を確率空間を力学系とする. このとき, $f \in L^1$ について

$$\lim_{T \to \infty} \frac{1}{T} \int_0^T f(T_t(\omega)) \, dt = \hat{f}(\omega) \quad \text{a.e.}$$

をみたす $\tilde{f} \in L^1$ が存在し，

$$\int \hat{f}\,dP = \int f\,dP$$

をみたす．

5.5　理想気体のエルゴード性

　これまでは，物理的には非現実的ともみえる数学的なモデルのエルゴード性のみを示してきた．そこで物理的なモデルについて考えてみよう．あまりにも単純なシステムであると思われるかもしれないが，理想気体のエルゴード性，すなわちエルゴード仮説が成り立つことを示そう．現在までに統計力学的なモデルで厳密にエルゴード性が示されているのは，この理想気体の場合と 1 次元のハードコア，つまり棒の衝突だけが相互作用の場合だけである．ともにシナイ (Sinai) によって証明された．

　$\mathbb{R}^k$ における理想気体を考えよう．相空間を Ω，配置の空間を Q で表そう．$\nu \in Q$ は，可算個の分子の位置

$$\nu = \{(q_1, q_2, \ldots) : q_j \in \mathbb{R}^k\}$$

を表し，$\omega \in \Omega$ は，分子の位置とそのモーメントのペアの可算集合

$$\omega = \{(x_1, x_2, \ldots) : x_i = (q_i, p_i) \in R^{2k}\}$$

である．Ω から Q へは，分子のモーメントを無視することで自然な写像 $\pi(\omega) = \nu$ が得られる．

　Ω の上の平衡状態 P は次のような性質をもっている．

(1) Q の可測集合 A の確率を

$$\mu(A) = P(\pi^{-1}(A))$$

で与える．このとき，$\Delta \subset \mathbb{R}^k$ について

$$\mu\{\nu \in Q \colon \#\{q_i \in \Delta\} = n\} = e^{-\rho|\Delta|}\frac{(\rho|\Delta|)^n}{n!}$$

とポアソン分布である．

(2) 分子の配置 ν をとめたとき，モーメントの確率は平均 0, 分散 α の独立な正規分布になる．

$$\begin{aligned}P\Big(\bigcap_{i=1}^{n}\{a_i < p_i < b_i\}|\nu\Big) &= \prod_{i=1}^{n} P(a_i < p_i < b_i|\nu) \\ &= \prod_{i=1}^{n} \frac{1}{\sqrt{2\pi\alpha}} \int_{a_i}^{b_i} e^{-x^2/2\alpha}\,dx\end{aligned}$$

以上より，理想気体は 2 つのパラメータによって記述される．1 つは単位体積あたりの粒子の密度 ρ, もう 1 つはモーメントの分散 α である．以下，簡単にするために分子の質量 $m=1$ とし，モーメントと速度は等しいとしよう．

Ω の上の時間発展 T_t を定めよう．衝突をしているところをまず除いて

$$\Omega_t = \{\omega \in \Omega \colon \text{すべての } i,j \text{ について } q_i + p_i t \neq q_j + p_j t\}$$

とおく．この集合は時刻 t では衝突が起きていない点全体を表し，$P(\Omega_t) = 1$ をみたす．このとき $\omega = \{(q_i, p_i) \colon i = 1, 2, \ldots\} \in \Omega_t$ について

$$T_t \omega = \{(q_i + p_i t, p_i) \colon i = 1, 2, \ldots\} \in \Omega$$

と定めるのは自然であろう．この定義では衝突が起きているところ，および時刻 0 で衝突が起きている場合を無視しているが，そのような集合は無視できるので，測度 0 を除いて T_t が定まった．

この力学系がエルゴード的であることを示すのだが，もっと強い性質 K をもっていることを示そう．そのためには次の性質をもつ K 分割 $\{\eta_0\}$ を作ればよい．

(1) $T_t \eta_0$ は t について細分になっていて，$\bigvee_t T_t \eta_0$ は各点分割
(2) $\bigwedge_t T_t \eta_0$ は自明な分割

(q,p) にある分子がラベル t をもつとは，ある $s<t$ が存在して $q_1 - p_1 s = 0$ をみたすことする．すなわち，ラベル t の分子は時刻 t までに第 2 座標から第 k 座標が作る原点を通る平面 H を横切ることになる．

以上のもとで，Ω の分割 η_0 をラベル 0 の分子の位置とモーメントが同じものを 1 つのグループにまとめたものから作る．これが可測な分割になるのは示すのは大変である．ともあれ，K 分割になっていることぐらいは示そう．

$T_t\eta_0$ は時刻 t 以前に H を通る分子を定める．すべての分子は $-\infty < t < \infty$ のどこかでは（測度 0 を除いて）ただ一度だけ平面 H を通ることから，$T_t\eta_0$ が t について細分になっていることと，$\bigvee T_t\eta_0$ が各点分割になることがわかる．

$\Delta \subset \mathbb{R}^k$ について，Δ 内の分子の位置と速度を定める最小の σ 代数（アルジェブラ）を $\mathfrak{S}(\Delta)$ と表そう．さらに

$$B_t = \{\omega \in \Omega : \Delta \text{ にはラベル } t \text{ の分子がない}\}$$

と定め，$\mathcal{B}_t$ は B_t と B_t^c から作られる σ 代数（アルジェブラ）とする．もちろん，$B_t \in \mathfrak{S}(\Delta)$ であるし

$$\lim_{t \to -\infty} P(B_t) = 1$$

であることは明らかであろう．

まず，D が $\mathcal{B}$ 可測であるならば，条件付き確率の定義より

$$\int_D dP(\omega) \int f(\xi)\, dP(\xi|\mathcal{B})(\omega) = \int_D f(\xi)\, dP(\xi)$$

が成り立つことに注意しよう．そこで，D を $T_t\eta_0$ 可測で $D \subset B_t$ のとき

$$\int_D P(A|T_t\eta_0)(\omega)\, dP(\omega) = P(A \cap D)$$

であることと，B_t の上では，$\mathfrak{S}(\mathbb{R}^k \backslash \Delta)$ は $T_t\eta_0$ の分割より細かいことを用いて

$$\int_D dP(\omega) \int_{B_t} P(A|\mathcal{B}_t \vee \mathfrak{S}(\Delta^c))(\xi)\, dP(\mathfrak{S}(\Delta^c)(\xi)|T_t\eta_0)(\omega)$$
$$= \int_D dP(\omega) \int 1_{B_t}(\xi) P(A|\mathcal{B}_t \vee \mathfrak{S}(\Delta^c))(\xi)\, dP(\mathfrak{S}(\Delta^c)(\xi)|T_t\eta_0)(\omega)$$
$$= \int_D 1_{B_t}(\xi) P(A|\mathcal{B}_t \vee \mathfrak{S}(\Delta^c))(\xi)\, dP(\xi)$$

$$= \int_D P(A|\mathcal{B}_t \vee \mathfrak{S}(\Delta^c))(\xi)\, dP(\xi)$$
$$= P(A \cap D)$$

より

$$P(A|T_t\eta_0)(\omega) = \int_{B_t} P(A|\mathcal{B}_t \vee \mathfrak{S}(\Delta^c))(\xi)\, dP(\mathfrak{S}(\Delta^c)(\xi)|T_t\eta_0)(\omega)$$

がわかる．ここで A が Δ 内の配置にのみよるときには，Δ 内の配置と Δ^c 内の配置とは独立であるから $P(A|\mathcal{B}_t \vee \mathfrak{S}(\Delta^c))(\xi) = P(A|\mathcal{B}_t)$ である．したがって，$P(B_t) \to 1$ であることから

$$\lim_{t \to -\infty} P(A|T_t\eta_0)(\omega) = P(A) \quad \text{a.e.}$$

が成り立つ．このことから $\bigwedge T_t\eta_0$ が自明な分割であることが示された．以上より，理想気体はエルゴード性をもつことが示された．

5.6　マルコフ型の場合

$\Pi = (p_{ij})_{1 \leq i,j \leq n}$ は推移確率に対応する $n \times n$ 行列である．また $\pi = (\pi_i)_{1 \leq i \leq n}$ を初期条件に対応する n 次元横ベクトルであり，これらは不変な確率を与えるとする．この仮定より

(1) $p_{ij}, \pi_i \geq 0,\ (1 \leq i,j \leq n)$
(2) $\sum_{j=1}^n p_{ij} = 1$
(3) $\sum_{i=1}^n \pi_i = 1$
(4) $\sum_{i=1}^n \pi_i p_{ij} = \pi_j$

が成り立つ．そこで Π^k の (i,j) 成分を $p_{ij}^{(k)}$ で表すことにする．推移確率行列 Π の各成分は非負であるから，ペロン・フロベニウスの定理（定理 6.7）を適用できる．

$$q_{ij} = \lim_{n \to \infty} \frac{1}{n} \sum_{k=0}^{n-1} p_{ij}^{(k)} \tag{5.5}$$

と定義する．この極限が存在することはエルゴード定理（定理 5.1）より導かれる．実際，

$$A_i = \{i_1 i_2 \cdots \in \{1, 2, \ldots, n\}^{\mathbb{N}} : i_1 = i\} \quad (i = 1, 2, \ldots, n)$$

とおくと

$$p_{ij}^k = P(T^{-k}(A_j)|A_i) = \frac{P(A_i \cap T^{-k}(A_j))}{P(A_i)}$$

であるから

$$\begin{aligned}
\frac{1}{n}\sum_{k=0}^{n-1} p_{ij}^{(k)} &= \frac{1}{n}\sum_{k=0}^{n-1} \frac{P(A_i \cap T^{-k}(A_j))}{P(A_i)} \\
&= \frac{1}{nP(A_i)} \sum_{k=0}^{n-1} \int 1_{A_i \cap T^{-k}(A_j)}(\omega)\, dP \\
&= \frac{1}{P(A_i)} \int 1_{A_i}(\omega) \frac{1}{n}\sum_{k=0}^{n-1} 1_{A_j}(T^k(\omega))\, dP \quad (5.6)
\end{aligned}$$

が成り立つので，エルゴード定理から，上の右辺は

$$\frac{1}{P(A_i)} \int 1_{A_i}(\omega) \hat{1}_{A_j}(\omega)\, dP$$

に収束することがわかる．とくにエルゴード的ならば $\hat{1}_{A_j}(\omega)$ は定数 $P(A_j) = \pi_j$ に等しいので，(5.6) の右辺も π_j に収束することがわかる．

次の定理を示しておこう．

定理 5.7 次は同値である．

(1) $q_{ij} = \pi_j$ （T はエルゴード的）
(2) q_{ij} は i によらない
(3) Π は非退化である
(4) $q_{ij} > 0$ がすべての i と j について成り立つ

ここで行列 Π が非退化であるとは，任意の i と j について，ある k が存在して $p_{ij}^{(k)} > 0$ であることである．言い換えれば，i を出発していつかは j に到達する確率は 0 ではない，したがって，任意の場所から出発して任意の場所にたどり着き得るとき非退化というのである．

証明. Q で成分が q_{ij} である $n \times n$ 行列を表そう．定義より

$$Q = \lim_{n \to \infty} \frac{1}{n} \sum_{k=0}^{n-1} \Pi^k$$

をみたす．このことから

(1) $q_{ij} \geq 0$
(2) $\sum_{j=1}^{n} q_{ij} = 1$

をみたす，すなわち，推移確率に対応する行列（確率行列という）になっている．なぜなら (1) はすべての i と j について $p_{ij} \geq 0$ であることから明らかであるし，$\sum_{j=1}^{n} p_{ij} = 1$ であることは，ベクトルを用いると

$$\Pi \begin{pmatrix} 1 \\ \vdots \\ 1 \end{pmatrix} = \begin{pmatrix} 1 \\ \vdots \\ 1 \end{pmatrix}$$

と表されるので

$$Q \begin{pmatrix} 1 \\ \vdots \\ 1 \end{pmatrix} = \lim_{n \to \infty} \frac{1}{n} \sum_{k=0}^{n-1} \Pi^k \begin{pmatrix} 1 \\ \vdots \\ 1 \end{pmatrix} = \begin{pmatrix} 1 \\ \vdots \\ 1 \end{pmatrix}$$

であることは直ちに従う．同様に

$$Q\Pi = \Pi Q = Q$$
$$Q^2 = Q$$
$$\pi Q = \pi$$

であることもわかる．したがって，q_{ij} が i によらないなら，$q_{ij} = \pi_j$ でなければならない．このことから，(2) ならば (1) がでる．(1) なら (2) は当たり前だから，(1) と (2) は同値であることがわかった．

Π が退化しているとしよう．$S \subset \{1, \ldots, n\}$ は $S^c \neq \emptyset$ で，S の元から出発すると S^c には到達できないとしよう．A で第 0 座標が S に属するような相空

間 $\{1,\ldots,n\}^{\mathbb{Z}}$ の部分集合としよう．$0 < \sum_{I \in S} \pi_i < 1$ をみたす初期状態 π,推移確率 Π で与えられる確率を P で表すと $0 < P(A) < 1$ であり，さらに $P(A \cap T^{-1}A) = 1$ である．したがって，T はエルゴード的ではない．このことは (1) ならば (3) であることを示している．

$$q_{ij} = \sum_{k=1}^{n} q_{ik}p_{kj} \geq q_{ik}p_{kj}$$

より，ある k があって q_{ik} と p_{kj} がともに正ならば $q_{ij} > 0$ である．$S_i = \{j \colon q_{ij} > 0\}$ とおくと，この集合は閉じている．Π が非退化ならば，空でない S_i は $\{1,\ldots,n\}$ に一致していなければならない．このことは (3) ならば (4) であることを示している．

すべての i と j について，$q_{ij} > 0$ としよう．Q は固有値 1 をもつが，その固有ベクトルを $\boldsymbol{\xi}$ としよう．$\boldsymbol{\xi}$ の成分のうち最大のものを m とおこう．$\boldsymbol{\xi}$ の i 成分 $\xi_i < m$ ならば，任意の k について

$$\xi_k = \sum_{j=1}^{n} q_{kj}\xi_j < \sum_{j=1}^{n} q_{kj}m = m$$

であるので，矛盾である．したがって，Q の固有空間は 1 次元で，その固有ベクトルは $\begin{pmatrix} 1 \\ \vdots \\ 1 \end{pmatrix}$ であることがわかった．このことと $Q^2 = Q$ であることから，Q の各縦ベクトルは Q の固有ベクトルでなければならないので，q_{ij} は i によらない，したがって，(4) ならば (2) である．

これで同値性が示せた． □

この定理で注目するべきことは P の固有値 1 の固有ベクトルは Q の固有ベクトルになることから，上の 4 条件の 1 つ，したがってすべてをみたすには，Π の固有値 1 の固有ベクトルは単純であることがわかる．$\begin{pmatrix} 1 \\ \vdots \\ 1 \end{pmatrix}$ が固有ベクトルだから，固有値 1 がフロベニウス根である．

定義 5.9 推移確率行列 Π が周期的であるとは，ある i と整数 n があって

$$\Pi_{ii}^{kn} = 0, \quad (k = 1, 2, \ldots)$$

をみたすことである．

定理 5.8 推移確率行列が非退化で非周期的ならば，対応する力学系は混合的である．

証明． 推移確率行列 Π が非退化で非周期的ならば，ある k が存在して Π^k の成分はすべて正の値をとる．ここで $m \leq n < p \leq q$ について，下の図のように筒集合

$$A = \{\omega : \omega_m = i_m, \ldots, \omega_n = i_n\}$$
$$B = \{\omega : \omega_p = i_p, \ldots, \omega_q = i_q\}$$

を考えると $p - n > k$ ならば

$$\frac{1}{C} P(B) \leq P(B|A) \leq C P(B)$$

をみたす C が選べる．系 5.1 の証明において，$\frac{4}{\log 2}$ の代わりに C を用いれば混合的であることがわかる． □

5.7 エルゴード性の判定

前節ではマルコフ型の場合に時間発展を表す推移確率行列の固有値によってエルゴード性が判定できた．一般の場合にこの議論を発展させよう．それには，関数解析のテクニックを用いる（6.3.3 項）．力学系 $(\Omega, \mathcal{B}, P, T)$ に対して

$$Uf(\omega) = f(T(\omega))$$

で作用素 U を定義する．実にシンプルな定義だがこれがマルコフ型の推移確率行列に対応する．U は L^1 もしくは L^2 上の作用素と考える．P の不変性を考えると，L^1 の場合には

$$\int Uf(\omega)\,dP = \int f(T(\omega))\,dP = \int f(\omega)\,dP$$

であるので，

$$\|Uf\|_1 = \|f\|_1$$

もしくは，L^2 の場合には

$$\begin{aligned}(Uf, Uf) &= \int Uf(\omega)\overline{Uf(\omega)}\,dP \\ &= \int |Uf(\omega)|^2\,dP = \int |f(\omega)|^2\,dP \\ &= \int f(\omega)\overline{f(\omega)}\,dP = (f, f)\end{aligned}$$

をみたすので，U は距離を変えない，つまり等距離作用素である．とくに T が逆 T^{-1} をもてば L^2 の場合に U はユニタリ作用素になる．前の節で推移確率行列の固有値を考えたように，この作用素のスペクトルを考えることで力学系のエルゴード性を導くことができる．まず，定数関数は U の固有値 1 の固有関数である．実際，$f(\omega) \equiv c$ であれば

$$Uf(\omega) = f(T(\omega)) = c = f(\omega)$$

簡単にするために T が可逆な場合，すなわち U がユニタリ作用素の場合に絞ろう．ユニタリ作用素の固有値は単位円の上にある．

定理 5.9 次の 3 条件は同値である．

(1) 力学系はエルゴード的である．
(2) 1 は U の単純固有値である．
(3) すべての U の固有値は単純である．

証明． エルゴード的であれば，不変な関数は定数関数しかないことが必要十分である．このことを U の言葉で表現すれば，U の固有値 1 の固有空間が不変な関数に対応しているので，固有値 1 が単純（つまり定数関数しかない）なことがエルゴード性と必要十分であることがわかる．また，(3) なら (2) が成り立つことは当たり前だから，(2) から (3) を示せばよい．ある λ の固有関数を f_1, f_2 としよう．
$$Uf_1 = \lambda f_1, \qquad Uf_2 = \lambda f_2$$
$|\lambda| = 1$ であるから，
$$U|f_1(\omega)| = |f_1(T(\omega))| = |\lambda f_1(\omega)| = |f_1(\omega)|$$
であるので，$|f_1|, |f_2|$ は固有値 1 の固有関数である．したがって，0 になることはない．そこで
$$U\left(\frac{f_1}{f_2}\right)(\omega) = \frac{f_1(T(\omega))}{f_2(T(\omega))} = \frac{\lambda f_1(\omega)}{\lambda f_2(\omega)} = \frac{f_1(\omega)}{f_2(\omega)}$$
であるので，$\frac{f_1}{f_2}$ も固有値 1 の固有関数である．

固有値 1 の固有関数は定数関数であるので
$$f_1 = af_2$$
をみたす $a \in \mathbb{R}$ が存在する．すなわち，f_1 と f_2 は独立ではない． □

定理 5.10 U がただ 1 つの固有値 1 をもち，それが単純であることと力学系が弱混合的であることは必要十分である．

証明. $\lambda \neq 1$ を固有値とする．λ の固有関数を f としよう．P の不変性より

$$\int f(\omega)\,dP = \int f(T(\omega))\,dP = \int U(f(\omega))\,dP = \lambda \int f(\omega)\,dP$$

であるので，$\int f(\omega)\,dP = 0$ でなければならない．ところで

$$\frac{1}{n}\sum_{k=0}^{n-1}\left|\int f(\omega)\overline{f(T^k(\omega))}\,dP - \int f(\omega)\,dP \int f(\omega)\,dP\right|$$

$$= \frac{1}{n}\sum_{k=0}^{n-1}\left|\bar{\lambda}^k \int f(\omega)\overline{f(\omega)}\,dP\right|$$

$$= \frac{1}{n}\sum_{k=0}^{n-1}\int |f(\omega)|^2\,dP = \int |f(\omega)|^2\,dP$$

となり，0 ではないので弱混合的ではない．

逆を示すのは単位の分解（6.3.2 項）

$$(Uf, g) = \int_0^{2\pi} e^{i\lambda}\,d(E_\lambda f, g)$$

を用いる．

$$(U^k f, g) = \int_0^{2\pi} e^{i\lambda k}\,d(E_\lambda f, g)$$

であることから，$(f, 1) = 0$，すなわち固有値 1 の固有成分をもたない f について

$$\begin{aligned}
\frac{1}{n}\sum_{k=0}^{n-1}|(U^k f, g)|^2 &= \frac{1}{n}\sum_{k=0}^{n-1}\left|\int_0^{2\pi} e^{i\lambda k}\,d(E_\lambda f, g)\right|^2 \\
&= \frac{1}{n}\sum_{k=0}^{n-1}\int_0^{2\pi} e^{i\lambda k}\,d(E_\lambda f, g)\int_0^{2\pi} e^{-i\mu k}\,\overline{d(E_\mu f, g)} \\
&= \int_0^{2\pi}\int_0^{2\pi} \frac{1}{n}\left(\sum_{k=0}^{n-1} e^{i(\lambda-\mu)k}\right)d(E_\lambda f, g)\overline{d(E_\mu f, g)} \\
&= \int_0^{2\pi}\int_0^{2\pi} \frac{1}{n}\left(\frac{1 - e^{i(\lambda-\mu)n}}{1 - e^{i\pi(\lambda-\mu)}}\right)d(E_\lambda f, g)\overline{d(E_\mu f, g)} \\
&= 0
\end{aligned}$$

最後の式は
$$\frac{1}{n}\left(\frac{1-e^{i(\lambda-\mu)n}}{1-e^{i\pi(\lambda-\mu)}}\right)$$
が $\lambda = \mu$ を除き 0 に収束することと, $\lambda = \mu$ をみたす部分は, $(f,1) = 0$ と仮定したので測度 0 であることから従う. 一般の場合は
$$\frac{1}{n}\sum_{k=0}^{n-1}|(U^k f, g) - (f,1)(g,1)|^2 \to 0$$
が示されたことになる. このことは, 系 6.1 (6.1.3 項) を用いると
$$\frac{1}{n}\sum_{k=0}^{n-1}|(U^k f, g) - (f,1)(g,1)| \to 0$$
が成り立つ. 定義に戻れば
$$\frac{1}{n}\sum_{k=0}^{n-1}\left|\int f(T^k(\omega))g(\omega)\,dP - \int f(\omega)\,dP \int g(\omega)\,dP\right| \to 0$$
を意味する. ここで f と g をそれぞれ可測集合 B と A の定義関数とすれば
$$\frac{1}{n}\sum_{k=0}^{n-1}|P(A\cap T^{-k}B) - P(A)P(B)| \to 0$$
が成り立つ. したがって, 弱混合的である. □

系 5.2 (1) $\beta > 1$ ならばベータ変換 $T(\omega) = \beta\omega \pmod{1}$ は弱混合的である.
(2) ワイル変換 $T(\omega) = \omega + \alpha \pmod{1}$ は α が無理数でもエルゴード的ではあるが弱混合的ではない.

証明.

(1) 再び β が整数のときのみを示す. とくに $\beta = 2$ としよう. f のフーリエ級数を考えると
$$Uf(\omega) = f(T(\omega)) = \sum_{n=-\infty}^{\infty} a_n e^{4\pi i n\omega}$$

であるので，$f(\omega) = \lambda f(\omega)$ になるのは $a_0 = \lambda a_0$ などより，すべての $a_n = 0$ であることがわかる．したがって，固有値は 1 しかない．

(2) 同様にフーリエ級数を考えると

$$Uf(\omega) = f(T(\omega)) = \sum_{n=-\infty}^{\infty} a_n e^{2\pi i n(\omega+\alpha)}$$

であるので，$n \neq 1$ について $a_n = 0$ ととって，とくに

$$f(\omega) = e^{2\pi i \omega}$$

とおくと

$$Uf(\omega) = f(T(\omega)) = e^{2\pi i T(\omega)} = e^{2\pi i (\omega+\alpha)} = e^{2\pi \alpha} f(\omega)$$

であるので，$e^{2\pi i \alpha}$ は固有値である．実際，$e^{2\pi i n \alpha}$ $(n \in \mathbb{Z})$ はすべて固有値である．したがって，弱混合的ではない．

□

実際には区間 $[0,1]$ の上の力学系では弱混合的であれば混合的であることが証明されている．

区間の上の変換 $T \colon [0,1] \to [0,1]$ を考えよう．1 対 1 でなくても構わないが有限個の点を除いて微分ができるとする．この力学系に対しては次の作用素が有用である．

$$Pf(\omega) = \sum_{\omega' \colon T(\omega')=\omega} f(\omega')|T'(\omega')|^{-1}$$

この作用素をペロン・フロベニウス作用素という．この作用素は可積分な関数全体 L^1 からそれ自身への作用素になる．可測で有界な関数 g について，積分の変数変換により

$$\int Pf(\omega) g(\omega)\,d\omega = \int f(\omega) g(T(\omega))\,d\omega \tag{5.7}$$

になることに注意しよう．

傾き $|T'|>1$ としよう．少しは条件を緩められるが本質的ではないのでこの仮定をおく．この場合，任意の区間は T で移すと長くなることに注意する．まず，不変確率測度を見付けなければならない．固有値1の固有関数 ρ で $\int \rho(\omega)\,d\omega = 1$ をみたすとしよう．(5.7) を用いると

$$\int g(\omega)\rho(\omega)\,d\omega = \int P\rho(\omega)g(\omega)\,d\omega = \int \rho(\omega)g(T(\omega))\,d\omega$$

であるので，確率 P を

$$P(A) = \int_A \rho(\omega)\,d\omega$$

とおけば，上の式は P が不変な確率になることがわかる．これを用いれば，不変確率を求めることができるので，β が整数でない $(\beta > 1)$ ときの不変確率およびそのエルゴード性を調べることができるが，さまざまな概念が必要であるので省略しよう．

また，

$$\begin{aligned}
\int P(f/\rho)(\omega)g(\omega)\,dP &= \int P(f/\rho)(\omega)g(\omega)\rho(\omega)\,d\omega \\
&= \int f(\omega)(g\rho)(T(\omega))\,dP = \int U(g\rho)(\omega)\,dP
\end{aligned}$$

であるので，P の単位円の上の固有値は U の固有値と一致することがわかる．

5.8 エントロピーの定義

物理的には分配関数の極限によって，エントロピーを定義した．この節ではコルモゴロフとシナイによって定義されたエントロピーの定義とその性質を調べよう．ここで定義されるエントロピーは平衡状態におけるエントロピーのみであって，非平衡状態におけるエントロピー増大法則は証明どころか未だに定義すら与えられていないということである．統計力学ではエントロピーを s で表すのが習慣であるし，この本でもそれにならってきた．しかし，数学的構成を考えるこの節では数学における習慣に従って h を用いよう．

$\mathcal{A} = \{A_1, \ldots, A_n\}$ と $\mathcal{B} = \{B_1, \ldots, B_m\}$ を Ω の有限分割とする．このとき，前にも述べたように $\mathcal{A} \prec \mathcal{B}$ とは任意の A_i に対して $1 \leq j_1 < j_2 < \ldots < j_k \leq m$

が存在して $A_i = \bigcup_{l=1}^{k} B_{j_l}$ をみたすこととする．このとき，$\mathcal{B}$ は $\mathcal{A}$ の細分になっているという．

定義 5.10 $(\Omega, \mathcal{B}, P, T)$ を力学系とする．
$\mathcal{A} = \{A_1, \ldots, A_n\}$ を Ω の有限分割とする．このとき，この分割のエントロピーを

$$H(\mathcal{A}) = -\sum_{i=1}^{n} P(A_i) \log P(A_i)$$

と定義する．ただし，$0 \log 0$ は連続性から 0 と定義する（図 5.4）．

Ω が有限集合で，各点の確率が等しければ $\mathcal{A}$ は 1 点ごとに Ω をばらばらに分割した各点分割とすれば，$H(\mathcal{A})$ は Ω の個数を用いて

$$H(\mathcal{A}) = \log \#\Omega$$

に等しくなり，ちょうど格子気体のミクロカノニカル分布のエントロピーに等しくなっている．点の数が増えれば，システムはより複雑になるというわけでエントロピーはシステムの複雑さを表しているとみなせる．Ω が無限集合の場合に各点分割をしてしまうと，$H(\mathcal{A})$ が発散してしまう場合があるので，ここでは有限個にしか分割をしない．これではシステム全体の複雑性を測ることはできないと思われるだろうが，エルゴード的ならば時間の流れの平均は平衡状態の平均に一致することから，時間の流れを考えることで，システムの複雑性を得ることができる．関数 $-x \log x$ は $0 \leq x \leq 1$ で図 5.4 に示した形であるので，エントロピーは非負の値をとることに注意しておこう．

補題 5.1 (1) $H(\mathcal{A} \vee \mathcal{B}) \leq H(\mathcal{A}) + H(\mathcal{B})$
(2) $\mathcal{A} \prec \mathcal{B}$ すなわち $\mathcal{B}$ が $\mathcal{A}$ の細分になっているとき $H(\mathcal{A}) \leq H(\mathcal{B})$

この補題は次の条件付きエントロピーの場合に補題 5.2 に一般的な形で証明しておこう．

条件付き確率を用いて定義されるエントロピーを条件付きエントロピーとよぶ．定義は通常のエントロピーの場合と同様である．

図 5.4 $-x\log x$ のグラフ

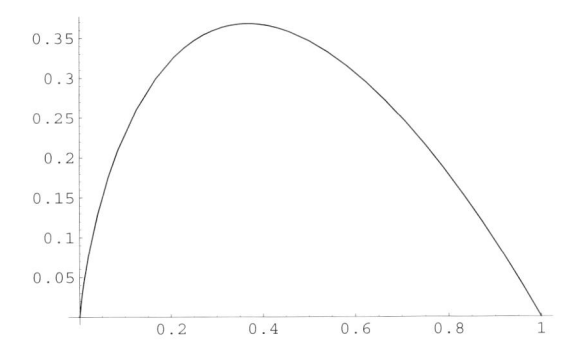

$\mathcal{A} = \{A_1, \ldots, A_n\}$, $\mathcal{B} = \{B_1, \ldots, B_m\}$ を Ω の有限分割とする．このとき，分割 $\mathcal{B}$ の条件のもとでの $\mathcal{A}$ のエントロピーを

$$H(\mathcal{A}|\mathcal{B}) = \sum_{j=1}^{m} P(B_j) \left\{ -\sum_{i=1}^{n} P(A_i|B_j) \log P(A_i|B_j) \right\}$$
$$= -\sum_{i=1}^{n} \sum_{j=1}^{m} P(A_i \cap B_j) \log P(A_i|B_j)$$

と定義する．ここで，

$$H(\mathcal{A}|\Omega) = P(\Omega) \left\{ -\sum_{i=1}^{n} P(A_i|\Omega) \log P(A_i|\Omega) \right\}$$
$$= -\sum_{i=1}^{n} P(A_i) \log P(A_i) = H(\mathcal{A})$$

が成り立つ．

補題 5.2 $\mathcal{A}, \mathcal{B}, \mathcal{C}$ を Ω の有限分割とする．

(1) $H(\mathcal{A} \vee \mathcal{B}|\mathcal{C}) = H(\mathcal{A}|\mathcal{C}) + H(\mathcal{B}|\mathcal{A} \vee \mathcal{C})$

(2) $\mathcal{A} \prec \mathcal{B}$ ならば，$H(\mathcal{A}|\mathcal{C}) \leq H(\mathcal{B}|\mathcal{C})$

(3) $\mathcal{B} \prec \mathcal{C}$ ならば，$H(\mathcal{A}|\mathcal{C}) \leq H(\mathcal{A}|\mathcal{B})$

(4) $H(T^{-1}\mathcal{A}|T^{-1}\mathcal{B}) = H(\mathcal{A}|\mathcal{B})$

証明. (1) 条件付き確率の定義より

$$P(A \cap B|C) = P(A|C) \times P(B|A \cap C)$$

より

$$\begin{aligned}
H(\mathcal{A} \vee \mathcal{B}|\mathcal{C}) &= -\sum_{A\in\mathcal{A}, B\in\mathcal{B}, C\in\mathcal{C}} P(A\cap B\cap C)\log P(A\cap B|C) \\
&= -\sum_{A\in\mathcal{A}, B\in\mathcal{B}, C\in\mathcal{C}} P(A\cap B\cap C)\log P(A|C) \\
&\quad -\sum_{A\in\mathcal{A}, B\in\mathcal{B}, C\in\mathcal{C}} P(A\cap B\cap C)\log P(B|A\cap C) \\
&= -\sum_{A\in\mathcal{A}, C\in\mathcal{C}} P(A\cap C)\log P(A|C) \\
&\quad -\sum_{A\in\mathcal{A}, B\in\mathcal{B}, C\in\mathcal{C}} P(A\cap B\cap C)\log P(B|A\cap C) \\
&= H(\mathcal{A}|\mathcal{C}) + H(\mathcal{B}|\mathcal{A}\vee\mathcal{C})
\end{aligned}$$

(2) $\mathcal{A} \prec \mathcal{B}$ ならば $\mathcal{A} \vee \mathcal{B} = \mathcal{B}$ かつエントロピーは非負であることから，(1) より (2) を得る．

(3) $f(t) = -x\log x$ は図 5.4 より上に凸であるから，

$$\sum_{C\in\mathcal{C}} f(P(A|C))P(C|B) \leq f\Big(\sum_{C\in\mathcal{C}} P(A|C)P(C|B)\Big)$$

さらに $\mathcal{B} \prec \mathcal{C}$ より，$B \subset C$ なら $P(B \cap C) = P(C)$ に注意すれば

$$f\Big(\sum_{C\in\mathcal{C}} P(A|C)P(C|B)\Big) = f(P(A|B))$$

であることがわかる．したがって

$$H(\mathcal{A}|\mathcal{B}) = -\sum_{A\in\mathcal{A}, B\in\mathcal{B}} P(A\cap B)\log P(A|B)$$

$$
\begin{aligned}
&= \sum_{A\in\mathcal{A},B\in\mathcal{B}} P(B)f(P(A|B)) \\
&= \sum_{A\in\mathcal{A},B\in\mathcal{B}} P(B)f\Big(\sum_{C\in\mathcal{C}} P(A|C)P(C|B)\Big) \\
&\geq \sum_{A\in\mathcal{A},B\in\mathcal{B}} P(B)\sum_{C\in\mathcal{C}} f(P(A|C))P(C|B) \\
&= \sum_{A\in\mathcal{A},B\in\mathcal{B},C\in\mathcal{C}} P(B\cap C)f(P(A|C)) \\
&= -\sum_{A\in\mathcal{A},B\in\mathcal{B},C\in\mathcal{C}} P(B\cap C)P(A|C)\log P(A|C) \\
&= -\sum_{A\in\mathcal{A},B\in\mathcal{B},C\in\mathcal{C}} P(B|C)P(A\cap C)\log P(A|C) \\
&= -\sum_{A\in\mathcal{A},C\in\mathcal{C}} P(A|C)\log P(A|C) \\
&= H(\mathcal{A}|\mathcal{C})
\end{aligned}
$$

(4) は $P(T^{-1}A) = P(A)$ であることからわかる. □

これらの式はエントロピーがシステムのもつ複雑性であることから理解することができる. $\mathcal{C}$ を知っているとは現在 $\mathcal{C}$ のどの元に属するかを知っているという意味と解釈できる. まず $\mathcal{C}$ を知っているという条件のもとで考えると, (1) は, まず $\mathcal{C}$ だけの結果を知っているときに, まず $\mathcal{A}$ に関する複雑性を求め, それに $\mathcal{A}$ と $\mathcal{C}$ を知っているという条件のもとで $\mathcal{B}$ に関する複雑性の和を加えれば $\mathcal{C}$ の結果を知っているという状態のもとで $\mathcal{A}$ と $\mathcal{B}$ に関するシステムの複雑さに等しくなることを意味している.

(2) は同じ情報を知っている状態ではシステムが多様なほど複雑性が大きいことを意味している.

(3) は事前に多くを知っていれば, システムの複雑さは減ることを意味している.

(4) は時間に関する不変性の反映である.

定義 5.11 $\mathcal{A}$ を Ω の有限分割とする．分割 $\mathcal{A}$ に関する変換 T のエントロピーを

$$h(\mathcal{A}, T) = \limsup_{n\to\infty} \frac{1}{n} H\Big(\bigvee_{i=0}^{n-1} T^{-i}\mathcal{A}\Big)$$

と定義する．

現在，状態は $\mathcal{A}$ のどこにあるか，そして次の時刻に $\mathcal{A}$ のどこにあるか，と時間をおっていけば，$\mathcal{A}$ が粗い分割であっても，初期の位置はだんだんわかってくることが想像される．このことから，上のエントロピーは時刻 $n-1$ までの複雑性の時間あたりの平均をとったものの極限であるので，システムの複雑性を表しているといえるであろう．

補題 5.3 $\mathcal{A} \prec \mathcal{B}$, すなわち $\mathcal{B}$ が $\mathcal{A}$ の細分になっているとき $h(\mathcal{A}, T) \leq h(\mathcal{B}, T)$

証明． $\mathcal{A} \prec \mathcal{B}$ ならば，$\bigvee_{i=0}^{n-1} T^{-i}\mathcal{A} \prec \bigvee_{i=0}^{n-1} T^{-i}\mathcal{B}$ が成り立つ．したがって，$H(\bigvee_{i=0}^{n-1} T^{-i}\mathcal{A}) \leq H(\bigvee_{i=0}^{n-1} T^{-i}\mathcal{B})$ であることから両辺の上極限をとればよい． □

補題 5.4 $h(\mathcal{A}, T)$ の定義の極限は存在して，$h(\mathcal{A}, T)$ は条件付きエントロピーを用いて

$$h(\mathcal{A}, T) = \lim_{n\to\infty} H\Big(\mathcal{A} \Big| \bigvee_{i=1}^{n} T^{-i}\mathcal{A}\Big)$$

と表される．

証明． 補題 5.2 の (1) と (4) より

$$H\Big(\mathcal{A} \Big| \bigvee_{i=1}^{k} T^{-i}\mathcal{A}\Big) = H\Big(\bigvee_{i=0}^{k} T^{-i}\mathcal{A}\Big) - H\Big(\bigvee_{i=1}^{k} T^{-i}\mathcal{A}\Big)$$
$$= H\Big(\bigvee_{i=0}^{k} T^{-i}\mathcal{A}\Big) - H\Big(\bigvee_{i=0}^{k-1} T^{-i}\mathcal{A}\Big)$$

これを繰り返せば

$$H\Big(\bigvee_{i=0}^{n-1} T^{-i}\mathcal{A}\Big) = H(\mathcal{A}) + \sum_{k=1}^{n-1} H\Big(\mathcal{A}|\bigvee_{i=1}^{k} T^{-i}\mathcal{A}\Big)$$

である．$H(\mathcal{A}|\bigvee_{i=1}^{k} T^{-i}\mathcal{A})$ は単調減少であるので，

$$h(\mathcal{A}, T) = \limsup_{n\to\infty} \frac{1}{n} H\Big(\bigvee_{i=0}^{n-1} T^{-i}\mathcal{A}\Big)$$
$$= \lim_{n\to\infty} H\Big(\mathcal{A}|\bigvee_{i=1}^{n} T^{-i}\mathcal{A}\Big)$$

を得る．このことは $h(\mathcal{A},T)$ の定義における極限が存在することを意味する．□

$h(\mathcal{A},T)$ は分割 $\mathcal{A}$ の取り方によっている．これまでは $\mathcal{A}$ は Ω の有限分割としているが，システムの複雑さを測るには，分割を細かくしていかねばならない．そこで次のようにシステムのエントロピーを定義する．

定義 5.12 変換 T のエントロピー，すなわち平衡状態における時間発展のエントロピーを

$$h(T) = \sup h(\mathcal{A}, T)$$

で定義する．ここで sup は Ω の有限分割全体についてとる．

このエントロピーは時間の流れの中でのシステムの複雑性を与えている．前にも述べたように，システムがエルゴード的であれば，この複雑性は，平衡状態にあるときには，ある定まった時刻でのシステムの複雑性を与えるとみなせる．しかし，$h(T)$ の定義において分割全体の上限をとっているので，このままではエントロピーの計算は困難であるが，次の定理がある．

定理 5.11（コルモゴロフ・シナイ）$\mathcal{A}$ を有限分割で $\bigvee_{n=0}^{\infty} T^{-n}\mathcal{A} = \mathcal{B}$ をみたすならば $h(T) = h(\mathcal{A},T)$ が成り立つ．

定理の証明には σ 代数（アルジェブラ）の詳細なチェックが必要なので省略するが，この定理を用いてエントロピーを実際に計算してみよう．

例 5.2 $A = \{1, 2, \ldots, m\}$ とする.

(1) $\pi_1, \ldots, \pi_m \geq 0$ を $\sum_{i=1}^m \pi_i = 1$ をみたすとき，この π_i から作られるベルヌーイ列のエントロピーを求めよう．

時刻 0 での値が i である集合 $A_i = \{a_0 a_1 \cdots : a_0 = i\}$ を考えて，分割を $\mathcal{A} = \{A_1, \ldots, A_m\}$ ととれば，定理の仮定 $\bigvee_{n=0}^\infty T^{-n}\mathcal{A} = \mathcal{B}$ をみたすことは直感的には明らかであろう．このことから

$$H\Big(\mathcal{A}\Big| \bigvee_{i=1}^n T^{-i}\mathcal{A}\Big) = - \sum_{A \in \mathcal{A}, B \in \vee_{i=1}^n T^{-i}\mathcal{A}} P(A \cap B) \log P(A|B)$$
$$= - \sum_{i_0, i_1, \ldots, i_n} \pi_{i_0}\pi_{i_1} \cdots \pi_{i_n} \log \frac{\pi_{i_0}\pi_{i_1} \cdots \pi_{i_n}}{\pi_{i_1}\pi_{i_2} \cdots \pi_{i_n}}$$
$$= - \sum_{i_0, i_1, \ldots, i_n} \pi_{i_0}\pi_{i_1} \cdots \pi_{i_n} \log \pi_{i_0}$$
$$= - \sum_i \pi_{i_0} \log \pi_{i_0}$$

したがって，$h(T) = -\sum_i \pi_i \log \pi_i$ である.

(2) $(p_{ij})_{1 \leq i, j \leq m}$ を推移確率行列，π をその定常確率とする．この初期確率と推移確率行列をもつマルコフ連鎖のエントロピーを求めよう．

(1) と同様に

$$H\Big(\mathcal{A}\Big| \bigvee_{i=1}^n T^{-i}\mathcal{A}\Big) = - \sum_{A \in \mathcal{A}, B \in \vee_{i=1}^n T^{-i}\mathcal{A}} P(A \cap B) \log P(A|B)$$
$$= - \sum_{i_0, i_1, \ldots, i_n} \pi_{i_0} p_{i_0 i_1} \cdots p_{i_{n-1} i_n} \log \frac{\pi_{i_0} p_{i_0 i_1} \cdots p_{i_{n-1} i_n}}{\pi_{i_1} p_{i_1 i_2} \cdots p_{i_{n-1} i_n}}$$
$$= - \sum_{i_0, i_1, \ldots, i_n} \pi_{i_0} p_{i_0 i_1} \cdots p_{i_{n-1} i_n} \log \frac{\pi_{i_0} p_{i_0 i_1}}{\pi_{i_1}}$$
$$= - \sum_{i, j} \pi_i p_{ij} \log \frac{\pi_i p_{ij}}{\pi_j}$$
$$= - \sum_{i, j} \pi_i p_{ij} \log p_{ij}$$

を得る．したがって，$h(T) = -\sum_{i, j} \pi_i p_{ij} \log p_{ij}$ である．

これらのエントロピーは格子系で現れた．

5.9　力学系の同型

2つの力学系は $(\Omega_i, \mathcal{B}_i, P_i, T_i)$ $(i=1,2)$ が同じ（同型）であるという概念を定義しよう．それには1対1かつ上への写像 $\psi\colon \Omega_1 \to \Omega_2$ が存在して，ψ および ψ^{-1} が可測で，測度を保ちさらに $\psi\circ T_1 = T_2 \circ \psi$ をみたせば間違いはない．しかし，確率が入っている状況では確率0の集合には意味がないことから，この条件を緩めて，T_i について不変で全確率をもつ集合 $\hat{\Omega}_i \in \mathcal{B}_i$ が存在して上の条件をみたすときに2つの力学系は同型であると定義することにしよう．具体的に述べると $\hat{\Omega}_i \in \mathcal{B}_i$ $(i=1,2)$ が存在して，

(1) $T_i^{-1}\hat{\Omega}_i \supset \hat{\Omega}_i$ $(i=1,2)$
(2) $P_1(\hat{\Omega}_1) = P_2(\hat{\Omega}_2) = 1$
(3) $\psi\colon \hat{\Omega}_1 \to \hat{\Omega}_2$ は1対1かつ上への写像
(4) 任意の $A \in \mathcal{B}_1$ について，$\psi(A \cap \hat{\Omega}_1) \in \mathcal{B}_2$
(5) 任意の $B \in \mathcal{B}_2$ について，$\psi^{-1}(B \cap \hat{\Omega}_2) \in \mathcal{B}_1$
(6) 任意の $A \in \mathcal{B}_1$ について，$P_1(A) = P_2(\psi(A \cap \hat{\Omega}_1))$
(7) $\hat{\Omega}_1$ の上で $\psi \circ T_1 = T_2 \circ \psi$

(3)で2つの集合 $\hat{\Omega}_1$ と $\hat{\Omega}_2$ が同じ数の元をもつことを保証し，(4)と(5)で $\mathcal{B}_1$ と $\mathcal{B}_2$ が対応することを保証し，(6)で P_1 と P_2 が対応し，(7)で写像 T_1 と T_2 が対応することを示している．任意の $B \in \mathcal{B}_2$ について，$P_1(\psi^{-1}(B \cap \hat{\Omega}_2)) = P_2(B)$ が成り立つことも，ψ は1対1かつ上への写像であるから $\psi^{-1}(B \cap \hat{\Omega}_2) \subset \hat{\Omega}_1$ の像は $\psi\left(\psi^{-1}(B \cap \hat{\Omega}_2)\right) = B \cap \hat{\Omega}_2$ をみたすので

$$P_1(\psi^{-1}(B \cap \hat{\Omega}_2)) = P_2(B \cap \hat{\Omega}_2) = P_2(B)$$

によって示される．

例を考えよう．$(\Omega_1, \mathcal{B}_1, P_1)$ は $[0,1)$ の通常の長さを考えた空間とする．

(1) $T_1(\omega) = 2\omega \pmod 1$，$\Omega_2 = \{0,1\}^{\mathbb{N}}$ とする．

$$P_2\{a_1 a_2 \cdots \in \Omega\colon a_1 = i_1, \ldots, a_k = i_k\} = 2^{-k}$$

として，$T_2 a_1 a_2 \cdots = a_2 a_3 \cdots$ とする．これをシフトとよぶ．このとき，この 2 つの力学系は同型である．

(2) $T_1(\omega) = \beta \omega \pmod{1}$ とする．ここで，β は黄金数 $\frac{1+\sqrt{5}}{2}$ とする．$[0,1]$ の上に密度関数として

$$\rho(x) = \begin{cases} \frac{\beta^3}{1+\beta^2} & x \in [0, \frac{1}{\beta}) \\ \frac{\beta^2}{1+\beta^2} & x \in [\frac{1}{\beta}, 1] \end{cases}$$

をもつ確率 P_1 を考える．一方，構造行列 $M = \begin{pmatrix} 1 & 1 \\ 1 & 0 \end{pmatrix}$ とおいて，$\{0,1\}^{\mathbb{N}}$ の部分集合

$$\Omega_2 = \{a_1 a_2 \cdots : M_{a_i a_{i+1}} = 1\}$$

を考える．この上に例題で構成した初期確率 $\left(\frac{\beta^2}{1+\beta^2}, \frac{1}{1+\beta^2} \right)$，推移確率 $\Pi = \begin{pmatrix} \frac{1}{\beta} & \frac{1}{\beta^2} \\ 1 & 0 \end{pmatrix}$ のマルコフ連鎖を考える．この 2 つの力学系が同型である．

(1) では $[0,1]$ から 2 進有理数を除いたものを $\hat{\Omega}_1$ として，$x \in \hat{\Omega}_1$ の 2 進展開を対応させる写像を ψ と考える．同様に 0 と 1 の無限列全体から，ある場所以降が 0 だけまたは 1 だけとなる列を除いたものを $\hat{\Omega}_2$ とおく．定義より，$P_1(\hat{\Omega}_1) = P_2(\hat{\Omega}_2) = 1$ であり，ψ は $\hat{\Omega}_1$ から $\hat{\Omega}_2$ への 1 対 1 かつ上への写像になり，その他の条件をみたすことも容易にわかる．

(2) では $\omega \in [0,1]$ について，0 と 1 の無限列への対応を，その第 n 番目を $T_1^{n-1}(\omega)$ が $[0, \frac{1}{\beta})$ に属していれば 0，属していなければ 1 と定める．

$$T_1\left([\frac{1}{\beta}, 1) \right) = \left[0, \frac{1}{\beta} \right)$$

であるから，1 の次に 1 が続くことはない．この場合にもこの 2 つの区間の端点に対応するような点を除外して考えれば，(1) と同様に同型であることが得られる．

(1) の例では区間 $[0, \frac{1}{2})$ を記号 0，区間 $[\frac{1}{2}, 1]$ を記号 1 に対応させ，(2) の例では区間 $[0, \frac{1}{\beta})$ を記号 0，区間 $(\frac{1}{\beta}, 1]$ を記号 1 に対応させて，ω の T_1 による軌道

がどちらに入るかで記号の列を対応させている．このようにして，連続な相空間をもつ力学系を記号の列に対応させると，その力学系の性質がよくわかる場合が多い．これを記号力学系への表現とよぶ．

1次元の変換ばかりでは統計力学とは無縁の話ばかりと思うだろうから，2次元のアドラーとワイスによる例を1つあげよう．Ω を2次元トーラスとしよう．これは2次元の $(0,0), (1,0), (1,1), (0,1)$ の作る正方形の左右の辺同士，および上下の辺同士を張り合わせたものと考えてよい．そこで，

$$T(x,y) = \begin{pmatrix} 1 & 1 \\ 1 & 0 \end{pmatrix} \begin{pmatrix} x \\ y \end{pmatrix} \pmod{1}$$

を考えよう．この行列は固有値 $\frac{1+\sqrt{5}}{2}$ と $\frac{1-\sqrt{5}}{2}$ をもち，行列式は1であるから面積を保存する．対応する固有ベクトルは $v_1 = (\frac{1+\sqrt{5}}{2}, 1)$ と $v_2 = (\frac{1-\sqrt{5}}{2}, 1)$ であるので，ベクトル v_1 方向は T により $\frac{1+\sqrt{5}}{2}$ だけ伸び，v_2 方向は $\frac{1-\sqrt{5}}{2}$ だけ反転して縮むことがわかる．図 5.5 のように

$$\begin{aligned} A &= (0,0) \\ B &= \left(\frac{5+\sqrt{5}}{10}, 1+\frac{1}{\sqrt{5}}\right) \\ C &= \left(\frac{5+3\sqrt{5}}{10}, \frac{5+\sqrt{5}}{10}\right) \\ D &= \left(\frac{1}{\sqrt{5}}, \frac{5-\sqrt{5}}{10}\right) \\ E &= (0,1) \end{aligned}$$

とおこう．これらを平行移動して

$$\begin{aligned} B' &= B - (0,1) \\ B'' &= B' - (1,0) \\ C' &= C - (1,0) \end{aligned}$$

とおく．トーラスで考えるので B や B′, B″ は同じ点を表し，C と C′ も同じ点である．トーラスを A, B″, C′, D から作られる正方形 S_1 と D,C,B,E から作

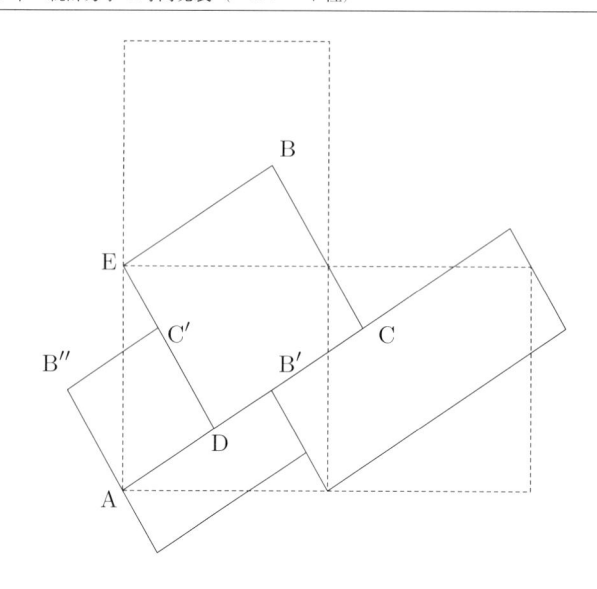

図 5.5 アドラー・ワイスの例

られる正方形 S_0 に分けよう．これらの正方形の辺は固有ベクトルの方向であるので，S_1 を T で移すと図 5.6 にあるような長方形になる．一方，S_0 はその残りに移る．トーラスの上の点 (x,y) を S_0 に属すれば 0，S_1 に属すれば 1 と符号を付けることにして，

$$\ldots, T^{-1}(x,y), (x,y), T(x,y), T^2(x,y), \ldots$$

の符号を並べると $\{0,1\}^{\mathbb{Z}}$ の点が対応することになる．正方形の境界を除けばこの符号をみれば (x,y) が一意的に定まることがわかる．さらに，$\{0,1\}^{\mathbb{Z}}$ の点のうち，11 が現れない点ならばトーラスの点として表されることがわかる．この分割はマルコフ分割とよばれる．この表現によって 2 次元の変換を 1 次元の記号の列に表すことができた．これは x 軸だけみると

$$F(x) = \frac{1+\sqrt{5}}{2}x \pmod{1}$$

で定まる $F : [0,1] \to [0,1]$ になっていることから，これを自然な形で逆変換を作ったものとみなせる．

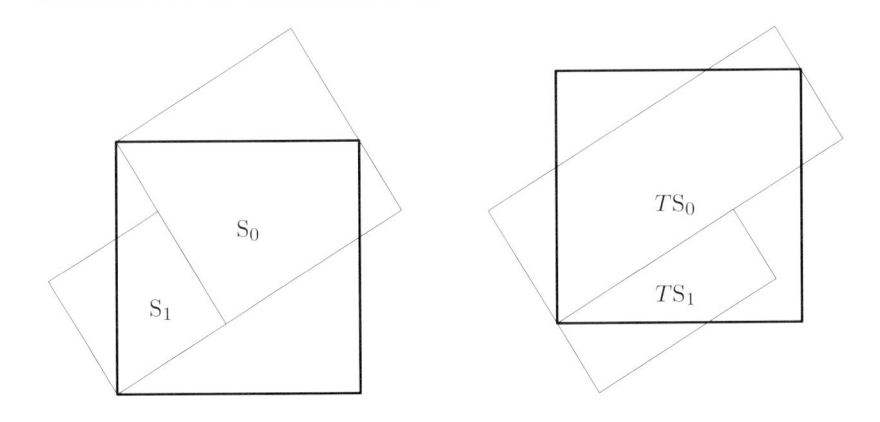

図 **5.6** アドラー・ワイスの例，分割 S_0, S_1 とその変換後の分割 TS_0, TS_1

このように高次元の変換であっても，適切な分割を考えることで記号力学系に表現できてそのエルゴード性を考察することができる．

5.10 不変量

記号が繁雑になるので，以下では $\hat{\Omega}_i = \Omega_i$ とすることにする．2 つの力学系が同型であることを確かめるのは一般的には容易ではない．しかし，次の定理は役に立つ．

定理 5.12 2 つの力学系 $(\Omega_i, \mathcal{B}_i, P_i, T_i)$ $(i = 1, 2)$ が同型であるとする．このとき

(1) $(\Omega_1, \mathcal{B}_1, P_1, T_1)$ がエルゴード的であるとする．このとき，$(\Omega_2, \mathcal{B}_2, P_2, T_2)$ もエルゴード的である．

(2) $(\Omega_1, \mathcal{B}_1, P_1, T_1)$ が混合的であるとする．このとき，$(\Omega_2, \mathcal{B}_2, P_2, T_2)$ も混合的である．

証明. $A_2 \in \mathcal{B}_2$ が不変集合 $T_2^{-1}(A_2) = A_2$ とする．このとき，

$$\begin{aligned}
\psi^{-1}(A_2) &= \psi^{-1} T_2^{-1}(A_2) \\
&= \{\omega \in \Omega_1 : \psi(\omega) \in T_2^{-1}(A_2)\} \\
&= \{\omega \in \Omega_1 : T_2 \circ \psi(\omega) \in A_2\} \\
&= \{\omega \in \Omega_1 : \psi \circ T_1(\omega) \in A_2\} \\
&= \{\omega \in \Omega_1 : T_1(\omega) \in \psi^{-1}(A_2)\} \\
&= T_1^{-1}(\psi^{-1}(A_2))
\end{aligned}$$

によって，$\psi^{-1}(A_2) \in \mathcal{B}_1$ は不変集合である．$(\Omega_1, \mathcal{B}_1, P_1, T_1)$ がエルゴード的であることから，$P_1(\psi^{-1}(A_2))$ は 0 または 1 であるから，$P_2(A_2)$ は 0 または 1 である．したがって，$(\Omega_2, \mathcal{B}_2, P_2, T_2)$ はエルゴード的である．

(2) も同様に確かめられる．$A, B \in \mathcal{B}_1$ とおくと，$P_1(A) = P_2(\psi(A))$，かつ $P_1(B) = P_2(\psi(B))$ が成り立つ．

$$\begin{aligned}
P_1(A \cap T_1^{-n}(B)) &= P_1\{\omega \in \Omega : \omega \in A \cap T_1^{-n}(B)\} \\
&= P_1\{\omega \in \Omega : \omega \in A, T_1^n(\omega) \in B\} \\
&= P_1\{\omega \in \Omega : \psi(\omega) \in \psi(A), \psi \circ T_1^n(\omega) \in \psi(B)\} \\
&= P_1\{\omega \in \Omega : \psi(\omega) \in \psi(A), T_2^n \circ \psi(\omega) \in \psi(B)\} \\
&= P_1\{\omega \in \Omega : \psi(\omega) \in \psi(A) \cap T_2^{-n}(\psi(B))\} \\
&= P_2(\psi(A) \cap T_2^{-n}(\psi(B)))
\end{aligned}$$

これより，$(\Omega_1, \mathcal{B}_1, P_1, T_1)$ が混合的ならば $(\Omega_2, \mathcal{B}_2, P_2, T_2)$ も混合的であることが従う． □

エルゴード性や混合性のように同型ならば保たれる量を不変量という．これを用いれば，例えばエルゴード的な力学系とエルゴード的でない力学系は同型ではないことが示される．とはいえ，2 つの力学系がエルゴード的ならば同型であるわけではない．線形空間であれば次元が異なれば同型ではなく，さらに等しければ同型であることが導かれる．このような不変量を完全不変量とよぶ

が，このような完全不変量が力学系でも存在してほしいと願うのは自然であろう．エントロピーは同型な変換で保たれることをまず示そう．

力学系 $(\Omega_1, \mathcal{B}_1, P_1, T_1)$ と $(\Omega_2, \mathcal{B}_2, P_2, T_2)$ が写像 $\psi\colon \Omega_1 \to \Omega_2$ で同型としよう．$(\Omega_2, \mathcal{B}_2, P_2, T_2)$ の上の可測な分割 $A_1, \ldots, A_n$ に対して $\psi(A_1), \ldots, \psi(A_n)$ も測度 0 を除いて Ω_1 の可測な分割を与える．任意の $\varepsilon > 0$ について，

$$h(T_2) - h(\mathcal{A}, T_2) < \varepsilon$$

をみたす Ω_2 の有限分割 $\mathcal{A} = \{A_1, \ldots, A_n\}$ を考えよう．例えば

$$P_1(\psi^{-1}(A_i) \cap T_1^{-1}\psi^{-1}(A_j)) = P_1(\psi^{-1}A_i \cap \psi^{-1}T_2^{-1}\psi(A_j))$$
$$= P_1(\psi^{-1}(A_i \cap T_2^{-1}A_j)) = P_2(A_i \cap T_2^{-1}(A_j))$$

であることから，

$$h(\mathcal{A}, T_2) = h(\psi^{-1}\mathcal{A}, T_1)$$

であることがわかる．仮定より

$$h(\psi^{-1}\mathcal{A}, T_1) > h(T_2) - \varepsilon$$

である．$h(T_1)$ は分割の上限であるから

$$h(T_1) > h(T_2) - \varepsilon$$

$\varepsilon > 0$ は自由に選べるので，$h(T_1) \geq h(T_2)$ となる．T_1 と T_2 の役割を入れ替えれば，$h(T_1) \leq h(T_2)$ を得るので，エントロピーが等しいことが示された．

この結果より，当然予想されたこととは言え，エントロピーが $\log 2$ の無限回硬貨投げとエントロピー $\log 6$ の無限回さいころ投げは同型ではないことが示された．逆にエントロピーが等しければ同型であるかどうかが問題になる．これに答える不思議な例がある．

例 5.3（メシャルキンの例） エントロピーの等しいベルヌーイ $(\frac{1}{4}, \frac{1}{4}, \frac{1}{4}, \frac{1}{4})$ とベルヌーイ $(\frac{1}{2}, \frac{1}{8}, \frac{1}{8}, \frac{1}{8}, \frac{1}{8}, \frac{1}{8}, \frac{1}{8}, \frac{1}{8})$ は同型である．

これらのエントロピーは

$$-\frac{1}{4}\log\frac{1}{4} \times 4 = \log 4$$

と

$$-\frac{1}{2}\log\frac{1}{2} - \frac{1}{8}\log\frac{1}{8} \times 4 = \frac{1}{2}\log 2 + \frac{3}{2}\log 2 = \log 4$$

と等しい．この2つの力学系の間の同型写像はランダムウォークの再帰性を巧みに用いて構成された．

これをさらに発展させて，オルンシュタイン (Ornstein) によって，ベルヌーイ変換ではエントロピーが等しければ同型であることが示された．つまり，エントロピーはベルヌーイ変換の間では完全不変量であることが示された．さらに K システムではエントロピーが等しくても同型でないものがあることもオルンシュタインによって示された．

第6章 付録

　数学の迷路に閉じ込められて，統計力学の流れを見失わないように，これまでの章では細かな数学的議論は避けてきた．この章ではそれらを補うことにしよう．したがって，この章の内容は論理的に並べられているわけではなく，まして難易度の順に並んでいるわけでもない．必要に応じて，話題をピックアップして読んでもらいたい．

6.1 数列

6.1.1 極限

　大学初年級の微分積分の復習をしておこう．数列 $a_0, a_1, \ldots$ が a に収束する

$$\lim_{n \to \infty} a_n = a$$

とは，ε–δ 法（この場合，δ はでてこないので ε–n_0 法という人もいる）で表すと

　　任意に正の ε を選ぶと，ある整数 n_0 が存在して n_0 以上の n について $|a_n - a| < \varepsilon$ をみたすことである．

この ε–δ 法は 19 世紀後半にワイエルシュトラス (Weierstrass) によって考えられ，現代数学の基礎であり極限をきちんととらえるには基本的にはこの方法しかないのだが，大学初年級においてもっとも評判の悪い授業内容の 1 つである．
　ここでは数列が実数値ないしは複素数値の場合を考えて，絶対値を用いて表現したが，抽象的な空間に距離が入っているときには，$|a_n - a|$ の代わりに a_n と a の間の距離に置き換えればよい．

この概念では極限の値がわかっていないと，数列の収束を示すことができない．そこで，数列 $a_0, a_1, \ldots$ がコーシー列 (Cauchy) であるとは

> 任意に正の ε を選ぶと，ある整数 n_0 が存在して n_0 以上の m, n について $|a_m - a_n| < \varepsilon$ をみたすことである．

と定義する．さらに実数の公理の 1 つとして「すべてのコーシー列は収束する」を仮定している．この表現は初めての読者にはわかりにくいと思うし，単に実数全体 $\mathbb{R}^1$ を考えるだけならば，もっと直感に訴えることのできる同値な公理，例えば「有界な単調列は収束する」(例えば $0.9, 0.99, 0.999, \ldots \to 1$) もあるが，用いるときには，次元によらないこの形がもっとも便利である．すべてのコーシー列が収束するということを実数は完備であると表現する．完備性は平たく言えば，実数の空間には穴がないということになるのだが，ここでその説明をするスペースはない．しかし，級数 $\sum_{n=1}^{\infty} a_n$ は，ある定数 C と $|r| < 1$ が存在して

$$|a_n| < Cr^n$$

をみたすならば

$$b_m = \sum_{n=1}^{m} a_n$$

とおいた数列 $b_1, b_2, \ldots$ はコーシー列になる．したがって，実数の完備性から，極限が存在することが保証される．

数列がパラメータをもつ場合，例えば $a_{m,1}, a_{m,2}, \ldots$ が a_m に収束することは上と同様に，任意の正の ε について n_0 が存在して $|a_{m,n} - a_m| < \varepsilon$ をみたすことと定義できるが，与えられた $\varepsilon > 0$ について，n_0 を m に依存せずに選べるとき一様収束するという．たとえば $a_{m,n} = \frac{n}{m+n}$ は

$$\lim_{n \to \infty} a_{m,n} = 1$$

であるが，ε 以下にするには $n_0 = \frac{(1-\varepsilon)m}{\varepsilon}$ 以上でなければならない．この n_0 は m が大きくなると発散してしまうので一様収束ではない．このときには

$$\lim_{m \to \infty} \lim_{n \to \infty} a_{m,n} = 1 \neq \lim_{n \to \infty} \lim_{m \to \infty} a_{m,n} = 0$$

と極限の交換ができず，注意深い考察が必要である．開き直れば，一様収束なら不注意でも構わないということなので，ちょっと証明が面倒でも一様性が成り立つことはありがたい．

関数の列 $f_n(x)$ でも
$$\lim_{n\to\infty} f_n(x) = f(x)$$
をみたすときには各点収束をするという．すなわち，任意の正の ε について n_0 が存在して，$n \geq n_0$ ならば $|f_n(x) - f(x)| < \varepsilon$ をみたすことである．ここでも，n_0 が x に依存せずに選べるときに一様収束するという．また，関数の列の定義域全体で一様収束することが言えなくても，定義域の中の任意の有界閉集合（正確にはコンパクト集合）に属する点について一様収束するときに広義一様収束するという．たとえば，
$$f_n(x) = \sum_{k=0}^{n} \frac{x^k}{k!}$$
は e^x に各点収束するが，$(-\infty, \infty)$ で一様収束はしない．しかし，任意の閉区間 $[a,b]$ で一様収束するので，広義一様収束することがわかる．

6.1.2 数列その1

細かいことだが上極限と下極限についてふれておこう．数列 $a_1, a_2, \ldots$ について
$$\limsup_{n\to\infty} a_n = \lim_{n\to\infty} \sup_{k\geq n} a_k$$
$$\liminf_{n\to\infty} a_n = \lim_{n\to\infty} \inf_{k\geq n} a_k$$
によって定義される．右辺の極限は上極限なら単調減少，下極限なら単調増加なので，$\pm\infty$ も含めれば必ず極限が存在する．ラフに言えば収束する部分列の極限値の最大値が上極限，最小値が下極限になっているといえる．また，上極限と下極限の値が一致することと極限が存在することは同じである．

補題 6.1 (1) $a_{n+m} \geq a_n + a_m$ ならば
$$\lim_{n\to\infty} \frac{a_n}{n} = \sup \frac{a_n}{n}$$

(2) $a_{n+m} \leq a_n + a_m$ ならば

$$\lim_{n\to\infty} \frac{a_n}{n} = \inf \frac{a_n}{n}$$

証明. (1) 仮定より

$$a_{2m} = a_{m+m} \geq 2a_m$$

が成り立つので，繰り返し用いると

$$a_{nm} \geq n\, a_m$$

が成り立つ．

$$A = \sup \frac{a_n}{n}$$

とおこう．$A < \infty$ ならば，任意の $\varepsilon > 0$ について．ある m があって

$$\frac{a_m}{m} > A - \varepsilon$$

が成り立つ．そこで

$$a_{nm} \geq n\, a_m > nm(A - \varepsilon)$$

より，$\frac{a_n}{n}$ の中には $A - \varepsilon$ より大きなものがいくらでもあることから

$$\limsup_{n\to\infty} \frac{a_n}{n} = \sup \frac{a_n}{n}$$

が導かれる．

$$b_n = \inf_{1 \leq l \leq m-1} \frac{a_{nm+l}}{nm+l}$$

とおくと，もちろん $b_n \leq A$ であり，任意の $0 \leq l \leq m-1$ について

$$\begin{aligned} b_n\left(1 + \frac{m-1}{nm}\right) &\geq b_n\left(1 + \frac{l}{nm}\right) \geq \inf_{1 \leq l \leq m-1} \frac{a_{nm+l}}{nm+l} \frac{nm+l}{nm} \\ &\geq \frac{a_{nm}}{nm} + \inf_{1 \leq l \leq m-1} \frac{a_l}{nm} \end{aligned} \qquad (6.1)$$

より
$$b_n \geq A - \varepsilon - A\frac{m-1}{nm} + \inf_{1 \leq l \leq m-1} \frac{a_l}{nm}$$
が成り立つ．n を大きくとれば
$$b_n \geq A - 3\varepsilon$$
を得る．したがって
$$\liminf_{n \to \infty} \frac{a_n}{n} = \liminf_{n \to \infty} b_n \geq A - 3\varepsilon$$
であるから，
$$\liminf_{n \to \infty} \frac{a_n}{n} = \limsup_{n \to \infty} \frac{a_n}{n}$$
を得て証明を終わる．$A = +\infty$ のときにも，任意の M について，m として
$$\frac{a_m}{m} \geq M$$
をみたすものをとる．$\liminf_{n \to \infty} \frac{a_n}{n}$ が有限だと仮定しよう．(6.1) から
$$b_n \left(1 + \frac{m-1}{nm}\right) \geq M + \inf_{1 \leq l \leq m-1} \frac{a_l}{nm}$$
を得るので，
$$\liminf_{n \to \infty} b_n \geq M$$
を得て矛盾が導ける．(2) は $c_n = -a_n$ とおけば (1) に帰着できる． □

6.1.3　数列その2

ここで必要とされるのは系 6.1 である．一見，主張はエルゴード性と混合性の関係にも現れた微分積分の初等課程で ε–δ 法のトレーニングとして習う数列の収束とチェザロ和の収束の関係，
$$\lim_{n \to \infty} a_n = a$$

ならば
$$\lim_{n\to\infty}\frac{a_1+\cdots+a_n}{n}=a$$
と似ているが，証明はかなり複雑である．

$E\subset\mathbb{N}\cup\{0\}$ が密度 0 であるとは
$$\lim_{n\to\infty}\frac{\#(E\cap[0,n-1])}{n}=0$$
をみたすこととする．

定理 6.1 数列 $\{a_n\}_{n=0}^{\infty}$ を正，かつ有界とする．このとき，次の 2 条件は同値である．

(1)
$$\lim_{n\to\infty}\frac{1}{n}\sum_{k=0}^{n-1}a_k=0$$

(2) 密度 0 の集合 E が存在して
$$\lim_{\substack{n\to\infty\\ n\notin E}}a_n=0$$
をみたす．

証明． (2) ならば (1) を示そう．$a_n\leq M$ とする．
$$\frac{1}{n}\sum_{k=0}^{n-1}a_k = \frac{1}{n}\sum_{\substack{k\leq n-1\\ k\in E}}a_k + \frac{1}{n}\sum_{\substack{k\leq n-1\\ k\notin E}}a_k$$

右辺第 1 項は
$$M\frac{\#(E\cap[0,n-1])}{n}$$
より小さいので，$n\to\infty$ で 0 に収束する．第 2 項は $\lim_{\substack{n\to\infty\\ n\notin E}}a_n=0$ であるから，そのチェザロ和も 0 に収束する．

(1) ならば (2) を示そう．
$$E_m=\left\{k\in\mathbb{N}\cup\{0\}\colon a_k>\frac{1}{m}\right\}$$

とおこう．

$$\frac{\#(E_m \cap [0,n-1])}{n} \leq m\frac{1}{n}\sum_{\substack{k \leq n-1 \\ k \in E_m}} a_k$$

$$\leq m\frac{1}{n}\sum_{k=0}^{n-1} a_k \to 0$$

が成り立つので，この E_m は密度 0 である．

$i_0 = 0 < i_1 < i_2 < \cdots$ を，$n > i_{m-1}$ で

$$\frac{\#(E_m \cap [0,n-1])}{n} < \frac{1}{m}$$

により定義し，

$$E = \bigcup_{m=1}^{\infty} E_m \cap (i_{m-1}, i_m]$$

とおく．$n \notin E \cap (i_{m-1}, i_m]$ ならば，$n \notin E_m$ であるから $a_n \leq \frac{1}{m}$ をみたす．したがって

$$\lim_{\substack{n \to \infty \\ n \notin E}} a_n = 0$$

が成り立つ．一方，$i_{m-1} \leq n$ について

$$\frac{\#(E \cap [0,n-1])}{n} = \frac{\#(E \cap [0,i_{m-1}-1])}{n} + \frac{\#(E \cap [i_{m-1},n])}{n}$$

$$\leq \frac{\#(E_{m-1} \cap [0,i_{m-1}-1])}{n} + \frac{\#(E_m \cap [0,n-1])}{n}$$

$$\leq \frac{\#(E_{m-1} \cap [0,i_{m-1}-1])}{i_{m-1}} + \frac{\#(E_m \cap [0,n-1])}{n}$$

$$\leq \frac{1}{m-1} + \frac{1}{m}$$

なので，E は密度 0 である． □

系 6.1 数列 $\{a_n\}_{n=0}^{\infty}$ を正，かつ有界とする．このとき

$$\lim_{n \to \infty} \frac{1}{n}\sum_{k=0}^{n-1} a_k^2 = 0$$

であることと
$$\lim_{n\to\infty}\frac{1}{n}\sum_{k=0}^{n-1}a_k=0$$
であることは同値である.

証明.
$$\lim_{n\to\infty}\frac{1}{n}\sum_{k=0}^{n-1}a_k^2=0$$
とする. このとき, 定理 6.1 より, ある密度 0 の集合 E が存在して
$$\lim_{\substack{n\to\infty\\ n\notin E}}a_n^2=0$$
したがって
$$\lim_{\substack{n\to\infty\\ n\notin E}}a_n=0$$
このことは
$$\lim_{n\to\infty}\frac{1}{n}\sum_{k=0}^{n-1}a_k=0$$
と必要十分である. □

6.2 確率

6.2.1 確率分布

なじみのない読者もいるだろうから, 確率分布について簡単にまとめておこう. ルベーグ積分を用いた一般論は 6.2.2 項にまとめてある.

素朴な観点からは確率分布には離散型と連続型の 2 種類ある. 離散型は値をとる空間が $\{x_1, x_2, \ldots\}$ のように有限個ないしは可算個のとびとびの値しかとらないものである. 各 x_i をとる値を p_i と表すと

(1) $p_i \geq 0$

(2) $\sum_i p_i = 1$

をみたす．

例 6.1 代表例としては

(1) 2項分布，表が出る確率が p の硬貨を n 回投げたときの表の回数に対応する確率分布であり，エーレンフェストの壺にも現れた．値は 0 から n までの整数値で値 r $(0 \leq r \leq n)$ をとる確率 p_r は $q = 1 - p$ とおいて

$$p_r = \binom{n}{r} p^r q^{n-r}$$

で与えられる．この平均は np，分散は npq である．

(2) 幾何分布，同じように硬貨投げのモデルとして説明できる．初めて表が出るまでの裏の回数に対応する．値 0 をとる確率は p，値 1 をとる確率は qp，一般に値 n をとる確率は $q^n p$ で与えられる．平均は $\frac{q}{p}$，分散は $\frac{q}{p^2}$ である．

(3) ポアソン分布，値を非負の整数全体にとる確率分布で，$\lambda > 0$ について値 r をとる確率 p_r が

$$p_r = e^{-\lambda} \frac{\lambda^r}{r!} \qquad (r = 0, 1, \ldots)$$

で与えられる．平均，分散とも λ である．理想気体の分子の配置に現れるが，2項分布のある種の極限になっている．

もう1つの連続型は点ごとの確率ではなく，密度関数 $f(x)$ を積分することで確率が与えられるタイプである．密度関数は

(1) $f(x) \geq 0$

(2) $\int_{-\infty}^{\infty} f(x)\,dx = 1$

をみたす．代表例は正規分布で平均 m，分散 v の密度関数は

$$f(x) = \frac{1}{\sqrt{2\pi v}} e^{-(x-m)^2/2v}$$

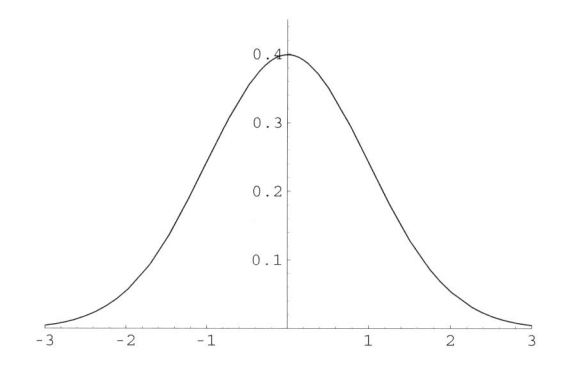

図 6.1 標準正規分布（平均 0, 分散 1）の密度関数

で, 図 6.1 のような形をしている．この確率分布が値 a から b をとる確率は

$$\int_a^b f(x)\,dx \qquad (a < b)$$

で与えられる．

確率分布の平均値（期待値）m は，値かける確率の和

(1) 離散型なら $m = \sum_i x_i p_i$
(2) 連続型なら $m = \int_{-\infty}^{\infty} x f(x)\,dx$

で与えられ，確率分布のばらつきを表す分散 v は

(1) 離散型なら $v = \sum_i (x_i - m)^2 p_i$
(2) 連続型なら $v = \int_{-\infty}^{\infty} (x - m)^2 f(x)\,dx$

で与えられる．

平均 m, 分散 v の正規分布では $m \pm 1.96\sqrt{v}$ の中に値をとる確率がほぼ 95% であることは統計でもしばしば用いられる．$\sqrt{v} = \sigma$ を標準偏差というが，大雑把に言えば平均 $\pm 2 \times$ 標準偏差に入る確率が 95% であることになる．

さいころを 2 回投げることを考えよう．1 回目を X, 2 回目を Y と表そう．これらを確率変数という．均等なさいころなら，どの目の確率も $\frac{1}{6}$ という確率

分布が対応する．これを

$$P(X = i) = \frac{1}{6} \qquad (i = 1, 2, 3, 4, 5, 6)$$

のように表す．確率変数に対応する確率分布の平均値（期待値）や分散を確率変数 X の平均値（期待値）とか分散とよんで，それぞれ $E(X)$ とか $V(X)$ で表すのが確率論の習慣である．統計力学的諸量は確率変数で，観測する値はアンサンブルによる平均値である．物理に従って，本文では統計力学的諸量の平均を表すときには $\langle X \rangle$ のように表している．

どのさいころ投げも同じ確率分布に従うので同分布であるという．X と Y は同分布であっても，同じではない．それどころかまったく影響しない．すなわち，X が値 i をとり，Y が値 j をとる確率は，それぞれの確率の積に等しい．式で表すならば

$$P(X = i, Y = j) = P(X = i) \times P(Y = j)$$

となる．このとき，確率変数 X と Y は独立であるという．一般的には X の事象 A と Y の事象 B について

$$P(X \in A, Y \in B) = P(X \in A) \times P(Y \in B)$$

をみたすとき確率変数 X と Y は独立であるという．確率変数 $X_1, \ldots, X_n$ が独立であるとは，任意の $A_1, \ldots, A_n \in \mathcal{B}$ について

$$P\{\omega \in \Omega : X_1(\omega) \in A_1, \ldots, X_n(\omega) \in A_n\} = \prod_{i=1}^{n} P\{\omega \in \Omega : X_i(\omega) \in A_i\}$$

が成り立つことである．無限個の確率変数 $X_1, X_2, \ldots$ が独立であるとは，この中の任意の有限個が独立であることである．

平均と分散の性質で重要なものをあげておこう．

(1) $E(X + Y + c) = E(X) + E(Y) + c$
(2) $V(aX + b) = a^2 V(X)$
(3) 独立ならば $V(X + Y) = V(X) + V(Y)$

このことから，独立で平均 m，分散 v の同分布の確率変数 $X_1, X_2, \ldots, X_n$ については

(1) $E\left(\dfrac{X_1 + \cdots + X_n}{n}\right) = m$

(2) $V\left(\dfrac{X_1 + \cdots + X_n}{n}\right) = \dfrac{v}{n}$

が成り立つ．

6.2.2 確率空間

集合 Ω と σ 代数（アルジェブラ）$\mathcal{B}$ と確率 P を 1 まとめにして，$(\Omega, \mathcal{B}, P)$ を確率空間という．σ 代数 $\mathcal{B}$ とは Ω の部分集合の族で，

(1) $\emptyset \in \mathcal{B}$
(2) $A \in \mathcal{B}$ ならば $A^c \in \mathcal{B}$
(3) $A_1, A_2, \ldots \in \mathcal{B}$ ならば $\bigcup_{i=1}^{\infty} A_i \in \mathcal{B}$

をみたすもので，$\mathcal{B}$ の元は可測集合というが，確率論では事象といわれる．各事象に対しては確率が与えられていて

(1) 任意の $A \in \mathcal{B}$ について $P(A) \geq 0$ かつ $P(\Omega) = 1$
(2) $A_1, A_2, \ldots \in \mathcal{B}$ が互いに素ならば

$$P\left(\bigcup_{i=1}^{\infty} A_i\right) = \sum_{i=1}^{\infty} P(A_i)$$

をみたす．

確率が測れる集合を明記しただけといえばそういうことになる．そして，どれも確率としては自然な仮定を要請しているだけで不思議な気はしないと思われるだろうが，σ 代数の仮定の (3)，確率の仮定の (2) に可算個の元の場合についても成り立つと仮定されていることがミソである．

たとえば $[0, 1]$ で考えれば，区間の長さのようにはじめから測度がわかっている集合があるが区間を含んだ σ 代数で，その上にきちんと確率の性質をみたすようにできるかは大変な問題である．一般論はルベーグ積分の本に任せよう．

$\{0,1\}^{\mathbb{Z}}$ の上に各場所で 1 をとる確率 p, 0 をとる確率 $1-p$ のような場合には有限の長さの中の確率分布は 2 項分布であることがわかっているが,これを全体の確率に拡張できることを示したのが次の定理である.確率論にルベーグ積分を適用できることを示し,確率論が現代数学への仲間入りを果たすきっかけとなった.これをシンプルな形で述べておこう.

定理 6.2（コルモゴロフの拡張定理） $\{0,1\}^n$ の上に確率 P_n が与えられていて,$A \subset \{0,1\}^n$ について

$$P_n(A) = P_{n+1}(A \times \{0,1\})$$

をみたすならば,$\{0,1\}^{\mathbb{N}}$ の上の筒集合を含む σ 代数（アルジェブラ）の上の確率 P で

$$\hat{A} = \{(\omega_1, \omega_2, \ldots) \in \{0,1\}^{\mathbb{N}} : (\omega_1, \ldots, \omega_n) \in A\}$$

とおくと

$$P(\hat{A}) = P_n(A)$$

をみたすものがただ 1 つ存在する.

6.2.3 極限定理

確率論の重要な極限定理は次の 2 つである.

定理 6.3（大数の法則） 独立で同分布の確率変数 $X_1, X_2, \ldots$ の平均を m とし,分散も有限であるとするなら,$\frac{X_1+\cdots+X_N}{N}$ が m に収束する確率は 1 である.

$\frac{X_1+\cdots+X_N}{N}$ はデータの平均であるので標本平均とよばれる.確率的な試行を多数回行うと,そのデータの平均が確率変数の平均に近付くということを意味していて,硬貨投げなら多数回投げたら表の頻度は 50% に近付くことを意味している.

どれぐらい近いかを評価するのが次の定理である.

定理 6.4（中心極限定理） 独立で同分布の確率変数 $X_1, X_2, \ldots$ の平均を m，分散を v とするなら，$\frac{X_1+\cdots+X_N-Nm}{\sqrt{Nv}}$ の確率分布は標準正規分布に近付く．

標準正規分布は約 ± 2 内の値が 95% で出ることから，N 回行った標本平均は確率変数の期待値 $\pm 2\sqrt{\frac{v}{N}}$ 内に入ることを意味している．平均からのずれ，揺らぎが N の増加とともに 0 に収束している．

独立な確率変数では，上の 2 つの定理より，n が大きいときには $\frac{X_1+\cdots+X_n}{n}$ はもっとも起きる可能性のある値が実際に起きると考えてよいことがわかる．もっとも起きる可能性のある値を最尤値という．

統計力学ではさまざまな熱力学的量，エントロピー，自由エネルギー，圧力などはアンサンブルによる確率変数で表現されている．系が大きくなれば大数の法則と中心極限定理によって，現実に観察される値は一定の値（平均値）になることが保証される．

6.2.4 条件付き確率，条件付き平均

2 つの事象 A と B があるとき，事象 A が起きるという条件の下で事象 B が起きる条件付き確率は

$$P(B|A) = \frac{P(A \cap B)}{P(A)}$$

で与えられることは高校の確率論で習った方も多いだろうし，そうでなくても直感的に明らかであろう．また，推移確率 Π_{ij} も現在の状態が i であるという条件のもとで次の状態が j である条件付き確率である．この概念を拡大しておこう．

確率空間 $(\Omega, \mathcal{B}, P)$ が与えられているとする．事象 $A \in \mathcal{B}$ を考えると，A もしくは A^c のいずれかが必ず起きるわけだが，現在はどちらが起きるかはまだ知らないものとして，わかった後での事象 $B \in \mathcal{B}$ が起きる条件付き確率を定義しよう．新しい条件付き確率は $\omega \in \Omega$ の関数で，$\mathcal{A} = \{A, A^c\}$ とおいて，ω が A に属するか，属さないかで次のように定義される．

$$P(B|\mathcal{A})(\omega) = \begin{cases} P(B|A) & \omega \in A \\ P(B|A^c) & \omega \in A^c \end{cases} \quad (6.2)$$

この考え方を進めれば，事象 $A_1,\ldots,A_n$ が必ずどれか 1 つが起きる，すなわち

- 互いに素：$A_i \cap A_j = \emptyset$ $(i \neq j)$
- Ω の分割になっている：$\bigcup_{i=1}^n A_i = \Omega$

をみたしているとき，$\mathcal{A} = \{A_1,\ldots,A_n\}$ とおくと，$\mathcal{A}$ のどれに属しているかがわかるときの事象 B の条件付き確率は

$$P(B|\mathcal{A})(\omega) = P(B|A_i) \quad \omega \in A_i \tag{6.3}$$

によって定義するのが自然であることはわかるであろう．

ここからは，数学のトレーニングを受けていない人にはわかりにくいかもしれない．統計力学では上の説明で十分だと思われるが，敢えて厳密で数学的な言葉でここは述べておこう．基礎となるのは測度論ないしは実解析とよばれる数学である．

事象の集まり $\mathcal{A} \subset \mathcal{B}$ が σ 代数になっているとき $\mathcal{A}$ を部分 σ 代数とよぶ．この部分 σ 代数 $\mathcal{A}$ による条件付き確率を定義したい．$\mathcal{A}$ が上の例の場合については素朴な場合と一致するように，さらにもっとも小さな部分 σ 代数 $\mathcal{A} = \{\emptyset, \Omega\}$ の場合には，任意の ω は Ω の元であって，$\emptyset$ に属することはないから

$$P(B|\mathcal{A})(\omega) = P(B)$$

とおくのが自然である．$A \in \mathcal{B}$ ならば $\{\emptyset, A, A^c, \Omega\}$ は σ 代数になる．同様に $A_1, A_2, \ldots, A_n \in \mathcal{B}$ が互いに素で分割になっているならば，これらのさまざまな和集合全体と空集合の 2^n 個の集合からなる集合族は σ 代数になる．これらの場合には，それぞれ，(6.2)，(6.3) に一致するように定義する．さらに部分 σ 代数が全体の σ 代数 $\mathcal{B}$ の場合には

$$P(B|\mathcal{B})(\omega) = \begin{cases} 1 & \omega \in B \\ 0 & \omega \notin B \end{cases}$$

と定義する．一般の場合には，まず条件付き平均から定義するほうがよいだろう．必要な定理を述べておこう．

定理 6.5（ラドン・ニコディム）$(\Omega, \mathcal{B}, P)$ を確率空間とする．Φ を $\mathcal{B}$ の上の関数で

(1) $A_1, A_2, \ldots \in \mathcal{B}$ が互いに素な集合のとき

$$\Phi\Big(\bigcup_{i=1}^{\infty} A_i\Big) = \sum_{i=1}^{\infty} \Phi(A_i)$$

をみたす．

(2) $A \in \mathcal{B}$ が $P(A) = 0$ ならば $\Phi(A) = 0$

このとき，可測な関数 ϕ が存在して，任意の $A \in \mathcal{B}$ について

$$\Phi(A) = \int_A \phi(\omega) \, dP$$

が成り立つ．この ϕ を Φ のラドン・ニコディム微分とよぶ．

さて，部分 σ 代数（アルジェブラ）$\mathcal{A}$ について上の定理を適用しよう．確率 P もこの部分 σ 代数（アルジェブラ）に制限して，確率空間 $(\Omega, \mathcal{A}, P)$ で考えよう．可積分な関数 f について，$A \in \mathcal{A}$ についてのみ

$$\Phi(A) = \int_A f(\omega) \, dP$$

と定義すると，この Φ は $(\Omega, \mathcal{A}, P)$ で定理の条件をみたしている．したがって，$\mathcal{A}$ 可測な関数 ϕ が存在する．この ϕ を $E[f|\mathcal{A}]$ と表して，条件付き平均値とよぶ．とくに $f = 1_B$ のときが条件付き確率

$$P(B|\mathcal{A})(\omega) = E[1_B|\mathcal{A}](\omega)$$

である．

たとえば，$\mathcal{A} = \{\emptyset, A, A^c, \Omega\}$ のときには，$\mathcal{A}$ 可測な関数とは A, A^c それぞれの上で定数になっている関数であるので，

$$E[f|\mathcal{A}](\omega) = \begin{cases} \int_A f(\omega) \, dP / P(A) & \omega \in A \\ \int_{A^c} f(\omega) \, dP / P(A^c) & \omega \in A^c \end{cases}$$

である.

実際, (6.3) の場合に $A = A_1 \cup A_2$ とすると

$$\int_{A_1 \cup A_2} P(B|\mathcal{A})(\omega)\, dP = \int_{A_1} \frac{P(B \cap A_1)}{P(A_1)} dP + \int_{A_2} \frac{P(B \cap A_2)}{P(A_2)} dP$$
$$= P(B \cap A_1) + P(B \cap A_2) = P(B \cap (A_1 \cup A_2))$$

となる.

条件付き平均で必要なのは次の定理である.

定理 6.6(ドゥーブ) $\mathcal{A}_1, \mathcal{A}_2, \ldots$ を確率空間 $(\Omega, \mathcal{B}, P)$ の部分 σ 代数とする.

(1) 単調増加なとき $\mathcal{A} = \bigvee_{i=1}^{\infty} \mathcal{A}_i$ とおく.
(2) 単調減少なとき $\mathcal{A} = \bigcap_{i=1}^{\infty} \mathcal{A}_i$ とおく.

このとき
$$\lim_{n \to \infty} E[f|\mathcal{A}_n] = E[f|\mathcal{A}]$$
が確率 1 で成り立つ.

ここで $\bigvee_{i=1}^{\infty} \mathcal{A}_i$ とはすべての $\mathcal{A}_i$ の元を可測にする最小の σ 代数である.
統計力学では, 有界集合 V の外側で条件を付けた確率を考え, V を全体に広げていく. ここで V^c の配置を可測にする σ 代数を考え, これにドゥーブの定理を用いることでギップス測度の存在がいえることになる.

最後に商空間の話をしておこう. 可測分割 ξ, すなわち可測な集合による Ω の分割を考える. 分割 ξ の各元を 1 点とみなした集合を Ω/ξ で表す. たとえば $\xi = \{A_1, A_2, \ldots\}$ ならば, Ω/ξ は ξ と同一視して, ξ の作る σ 代数を $\mathcal{F}(\xi)$ と表す. さらに, 各点に確率 $P(A_i)$ を考えることで, Ω/ξ に確率を入れて, これを $P|_\xi(A_i)$ で表すと, $(\Omega/\xi, \mathcal{F}(\xi), P|_\xi)$ は確率空間になる. 正確には, Ω から Ω/ξ への自然な写像を τ, つまり $\omega \in A \in \xi$ について, $\tau(\omega) = A$ とおいて, Ω/ξ の上に τ を可測にする最小の σ 代数 $\mathcal{F}$ を考え, $B \in \mathcal{F}$ の確率を $P|_\xi(B) = P(\tau^{-1}(B))$ と考えることになる.

補題 6.2 ξ を可測分割とする. $A \in \mathcal{B}$ と $B \in \mathcal{F}(\xi)$ について

$$\int_{\Omega/\xi} P(A|\xi) 1_B \, dP|_\xi = P(A \cap B)$$

証明. $\xi = \{A_1, \ldots, A_n\}$ のときには,積分は和になる.さらに B は A_i の和で表されることになる.記述を簡単にするために $B = \bigcup_{i=1}^{m} A_i$ としよう.

$$
\begin{aligned}
\text{左辺} &= \sum_{\substack{1 \leq i \leq n \\ A_i \subset B}} \frac{P(A \cap A_i)}{P(A_i)} P(A_i) \\
&= \sum_{i=1}^{m} P(A \cap A_i) = P\left(A \cap \bigcup_{i=1}^{m} A_i\right) \\
&= P(A \cap B)
\end{aligned}
$$

を得る.一般の場合はこれを形式的に行うだけである. □

6.3 関数解析

6.3.1 関数空間

関数の空間で有限次元の線形代数のように,関数をベクトルとみなして解析を行う関数解析を少し述べておこう.

集合 W が実線形空間であるとは,W の上にはたし算と定数倍が定義されていて

(1) $x, y \in W$ について,$x + y \in W$
(2) $a \in \mathbb{R}$, $x \in W$ について,$ax \in W$

が成り立ち,この演算に自然な関係(例えば $a(x+y) = ax + ay$ など)が成り立つことである.W には 0 元 **0** が必ず存在する.定数として複素数全体 $\mathbb{C}$ を考えるときには複素線形空間とよぶ.

この空間については,ベクトルや行列でおなじみであろう.線形代数では空間は有限次元であるが,関数解析では無限次元まで考える必要がある.有限次

元実線形空間では自然に距離を考えることができるが，関数の空間ではきちんと定義しなければならない．

実線形空間 W の元 x について，$||x|| \in \mathbb{R}$ がノルムであるとは

(1) $||x|| \geq 0$ かつ $||x|| = 0$ ならば $x = \mathbf{0}$
(2) $a \in \mathbb{R}$ と $x \in W$ について，$||ax|| = |a|\,||x||$
(3) $||x + y|| \leq ||x|| + ||y||$

をみたす．ノルムがあれば，W の 2 つの元 x, y の間の距離を $||x - y||$ で定めることができる．ノルムのある線形空間をノルム空間という．

ノルムが考えられれば，関数の空間は実数の空間に近いとみなせるが，ノルムがあるというだけでは，穴ぼこだらけでちょっとした計算にも気を使わなければいけないこともあり得る．そこで 6.1.1 項で述べた完備性を仮定して，完備ノルム空間をバナッハ空間という．ここで，改めてノルムを用いて完備性を表現しておこう．$x_1, x_2, \ldots \in W$ がコーシー列であるとは，任意の $\varepsilon > 0$ について，ある n_0 が存在して $n, m \geq n_0$ ならば

$$||x_n - x_m|| < \varepsilon$$

をみたすことである．そして，完備であるとはすべてのコーシー列が収束することである．

例 6.2 もっとも自然な例は有界閉区間 $[a, b]$ の上の連続関数全体 $C[a, b]$ にノルム

$$||f||_\infty = \sup_{a \leq x \leq b} |f(x)|$$

で定義されるノルムを考えたものである．このノルムで f_n が f に収束することが一様収束であり，f_n のグラフが f のグラフに近付いていくことを意味している．

量子力学に現れるヒルベルト空間の話もしておこう．実線形空間に距離だけでなく角度も導入するには，内積を考えればよい．

(x, y) が内積であるとは

(1) $(x,y) \in \mathbb{R}$, $(x,x) \geq 0$, とくに等号が成立するのは $x = \mathbf{0}$ の場合に限る.
(2) $(x,y) = (y,x)$
(3) $a \in \mathbb{R}$ について

$$(ax, y) = a(x,y)$$
$$(x_1 + x_2, y) = (x_1, y) + (x_2, y)$$

が成り立つことである. $(x,y) = 0$ のとき, x と y は直交するとよぶわけである. 上の性質 (1) を用いて

$$||x|| = \sqrt{(x,x)}$$

と定めれば, これはノルムになる. 内積のある線形空間でこのノルムから導かれる距離について完備であるときヒルベルト空間という. ヒルベルト空間は当然, バナッハ空間である.

量子力学では複素線形空間で考えなければならない. このときには内積の定義 (2) は

$$(x,y) = \overline{(y,x)}$$

とひっくり返すときには複素共役をとらなければならない. こうしないと (1) と矛盾してしまう.

この項の最後に収束についてふれておこう. 6.1.1 項 (p.199) でも述べたように, 関数の列 f_n が f に収束するというのは数列の収束のように一通りには定まらない. もっとも簡単なのは, 関数の定義域の点 ω を取るごとに数列 $f_n(\omega)$ が $f(\omega)$ に収束するというもので, これが各点収束である. それに対して関数の定義域が有界閉区間などの場合には, ノルムを $||f|| = \sup |f(\omega)|$ で定義して, $||f_n - f||$ が 0 に収束するとき一様収束という. この表現は 6.1.1 項とは異なるが同値である. f_n のグラフが f のグラフに近付くというのが直感的な意味であろう. 同様にバナッハ空間やヒルベルト空間でもノルムが定義されているので, この収束を定義できる. L^1 空間や L^2 空間でのノルムでの収束を平均収束という. 大数の法則などで使われているのが

$$P\{\omega \in \Omega : \lim_{n \to \infty} f_n(\omega) \neq f(\omega)\} = 0$$

である．確率が0のところを除いて収束しているというわけで概収束とよばれ

$$f_n \to f \quad \text{a.e.}$$

とも表す．a.e. とは almost everywhere の略である．

確率 P_n が確率 P に収束するという概念も用いたが，これは任意の連続関数 f について

$$\int f\,dP_n \to \int f\,dP$$

をみたすことと定義する．中心極限定理はこの意味での収束である．

6.3.2 線形写像

実線形空間 V から W への写像 T で

(1) $x \in V$, $a \in \mathbb{R}$ について，$(aT)(x) = a(T(x))$
(2) $x, y \in V$ について，$T(x+y) = T(x) + T(y)$

をみたすとき線形写像とか線形作用素という．有限次元の場合には，線形作用素は行列で表現できることは周知のことだろう．V, W がともにノルム空間ならば，線形作用素 T のノルムを

$$||T|| = \sup_{x \in V} \frac{||T(x)||}{||x||}$$

で定めることができる．このノルムが有限の値のとき T は有界であるという．

T が長さを変えないとき，すなわちすべての x について

$$||T(x)|| = ||x||$$

が成り立つとき，等距離作用素という．

V, W がヒルベルト空間のときには，内積が定義できるので

$$(T(x), T(y)) = (x, y)$$

が成り立つとき，ユニタリ作用素という．$V = W$ で実有限次元のときには，行列で表現すると各縦ベクトルが直交することから，直交変換ともいう．ユニタリ作用素は
$$||T(x)||^2 = (T(x), T(x)) = (x, x) = ||x||^2$$
をみたすので，等距離作用素である．

量子力学では
$$(T(x), y) = (x, T(y))$$
をみたす対称作用素が重要な役割を果たす．実行列のときには $T = {}^tT$ をみたすことから，この名前がある．複素行列では $T = T^* = \overline{{}^tT}$ になることにも注意しておこう．

$V = W$ で有限次元の場合には，行列 T が対角化可能ならば，固有値を $\lambda_1, \ldots, \lambda_n$ 対応する固有空間を $W_1, \ldots, W_n$ で表し，さらに W_i への射影を E_i で表すと
$$T = \sum_{i=1}^n \lambda_i E_i$$
と書けることを思い出そう．ユニタリ行列の固有値は絶対値 1 の複素数，対称行列の固有値は実数であるのと同じように，ユニタリ作用素や対称作用素も射影作用素を用いて表現ができる．これをスペクトル分解とよぶ．ユニタリ作用素の場合には $\{E_\lambda\}_{\lambda \in [0, 2\pi)}$，対称作用素の場合には $\{E_\lambda\}_{\lambda \in \mathbb{R}}$ が単位の分解であるとは

(1) E_λ は射影作用素である．
(2) $E(\lambda)E(\mu) = E(\mu) \quad (\mu < \lambda)$
(3) $E(\lambda)$ は右連続である．
(4) ユニタリ作用素の場合には，$E(0) = \mathbf{0}$, $E(2\pi) = I$, 対称作用素のときには $E(-\infty) = \mathbf{0}$, $E(\infty) = I$, ただし，$\mathbf{0}$ はすべての元を 0 元に移す 0 作用素，I は $I(x) = x$ をみたす恒等作用素である．

さらに
$$E(\lambda) - E(\lambda_-)$$

が**0**以外の1次元以上への射影であるとき，点スペクトルまたは固有値という．ただし

$$E(\lambda_-) = \lim_{\mu \uparrow \lambda} E_\mu$$

である．$(\lambda I - T)$ が連続な逆写像をもたないとき，λ をスペクトルという．有限次元では固有値しかないが，無限次元になるとそれ以外のスペクトルが現れる．ユニタリ作用素や対称作用素では固有値以外のスペクトルは連続スペクトルとよばれる．これは確率論における離散型の確率分布と連続型の確率分布に対応している．和も積分で表現することで，これを用いて

$$T = \int_0^{2\pi} e^{i\lambda} dE_\lambda \quad (\text{ユニタリ作用素のとき})$$
$$T = \int_{-\infty}^{\infty} \lambda\, dE_\lambda \quad (\text{対称作用素のとき})$$

と表現できる．

量子力学ではヒルベルト空間の元が状態であり，その上の対称作用素が観測に対応し，対称作用素のスペクトルを観測することになる．

6.3.3 ルベーグ積分

確率空間 $(\Omega, \mathcal{B}, P)$ を用いた積分の話をしておこう．今まで高校や大学の初年級で習った積分はリーマン積分とよばれる．ここでは確率の場合の話に限定するが，$P(\Omega) = 1$ でない一般の測度空間でもまったく同様である．

集合 $A \in \mathcal{B}$ の測度は $P(A)$ であるので，集合 A の定義関数 1_A の積分

$$\int 1_A(\omega)\, dP = P(A)$$

とおくのは当然である．こうした定義関数の有限和になっている関数 $f(\omega) = \sum_A C_A 1_A(\omega)$ の積分も

$$\int f(\omega)\, dP = \sum_A C_A P(A)$$

と定めればよい．一般の関数ならこういう形の関数で下から近似してやればいいだけである．どんな関数でも大丈夫というわけではなく可測である必要がある．

$f: \Omega \to \mathbb{R}$ が可測であるとは，任意の $a \in \mathbb{R}$ について

$$\{\omega \in \Omega : f(\omega) < a\} \in \mathcal{B}$$

が成り立つことである．

可測な関数なら，σ 代数（アルジェブラ）の性質を用いると

$$\{\omega : a \leq f(\omega) < a + h\} \in \mathcal{B}$$

であるので，この集合の確率を求めることができる．これに関数の値 a をかけて加えれば積分の近似が得られる．雑に言えば，これで $h \to 0$ ととればいいわけである．実際には関数を正の部分と負の部分に分けるなど細かな注意が必要である．積分が定まる関数を可積分であるという．

確率空間では全体の確率 $P(\Omega) = 1$ を仮定するが，一般には，その代わりに $P(\emptyset) = 0$ を仮定し，$P(\Omega)$ が 1 以外の場合や無限大である場合も考える．このようなときには $(\Omega, \mathcal{B}, P)$ を測度空間とよぶ．これを用いると関数解析で用いられる実用上重要な空間を定義できる．

例 6.3
実数の空間 $\mathbb{R}$ で $\int |f(x)|\,dx < \infty$ をみたすもの全体を L^1 もしくは空間を明示して $L^1(\mathbb{R})$ のように書く．この上にノルム

$$\|f\|_1 = \int |f(x)|\,dx$$

を考えるとバナッハ空間になる．正確に言うならば

$$\int |f(x) - g(x)|\,dx = 0$$

ならば，$f = g$ とみなすことにしなければならない．ここで積分が，高校で習ったリーマン積分ではなくて，ルベーグ積分であることから，この空間の完備性が導かれる．より一般に，抽象的な測度空間 $(\Omega, \mathcal{B}, P)$ についても $\int |f(\omega)|\,dP$ が有限な関数の集まりを L^1 とか $L^1(\Omega)$，さらに詳しく $L^1(\Omega, \mathcal{B}, P)$ などと表す．これらもバナッハ空間である．

L^1 と同様に，実数の空間 $\mathbb{R}$ で $\int |f(x)|^2\, dx < \infty$ をみたすもの全体を L^2 もしくは空間を明示して $L^2(\mathbb{R})$ のように書く．この上に内積

$$(f, g) = \int f(x) g(x)\, dx$$

を考えるとヒルベルト空間になる．この場合，ノルムは

$$\|f\|_2 = \sqrt{\int |f(x)|^2\, dx}$$

になる．L^1 と同様に正確に言うならば

$$\int |f(x) - g(x)|^2\, dx = 0$$

ならば，$f = g$ とみなすことにしなければならない．空間をより一般にして，測度空間 $(\Omega, \mathcal{B}, P)$ の場合についても L^1 のときと同じように定義される．この空間の上に量子力学は定義される．

6.3.4 フーリエ級数

フーリエ級数について述べ出せばきりがないので，直感的な説明にとどめよう．$[0, 1)$ の上の関数，もしくは同じことだが周期 1 の周期関数は正弦波の重ね合わせで表されることはよく知られていて，デジタル技術の基礎理論である．すなわち，周期 1 の関数 f は

$$f(\omega) = a_0 + a_1 \cos 2\pi\omega + a_2 \cos 4\pi\omega + \cdots + b_1 \sin 2\pi\omega + b_2 \sin 4\pi\omega + \cdots$$

と表せる．

数学的に言えば，例えば $f \in L^2[0, 1)$ について，一意的に $a_0, a_1, \ldots$ と $b_1, b_2, \ldots$ が存在して

$$f_n(\omega) = \sum_{k=0}^{n} a_k \cos 2\pi k\omega + \sum_{k=1}^{n} b_k \sin 2\pi k\omega$$

とおくと，f_n は f に L^2 の意味で収束する

$$||f_n - f|| = \sqrt{\int_0^1 |f_n(\omega) - f(\omega)|^2 \, d\omega} \to 0$$

ことになる．つまり，すべての $\omega \in [0, 1)$ について

$$f(\omega) = \lim_{n \to \infty} f_n(\omega)$$

が成り立つことは保証されていない．18 世紀にフーリエ (Fourier) が熱伝導を解析するために導入したのだが，収束の理論が発達していなかったので，なかなか評価してもらえなかったようである．

$$\begin{aligned}\cos 2\pi n\omega + i \sin 2\pi n\omega &= e^{2n\pi i\omega} \\ \cos 2\pi n\omega - i \sin 2\pi n\omega &= e^{-2n\pi i\omega}\end{aligned}$$

であることを用いれば，$\cos 2\pi n\omega$，$\sin 2\pi n\omega$ $(n = 0, 1, 2, \ldots)$ の代わりに $e^{2n\pi i\omega}$ $(n = 0, \pm 1, \pm 2, \ldots)$ でも同様に級数で表すことができる．このほうが複素係数の関数まで用いることができて応用範囲が広くなる．

線形代数の言葉で言うならば，$e^{2n\pi i\omega}$ $(n = 0, \pm 1, \pm 2, \ldots)$ が $L^2[0, 1)$ の正規直交基底になっている．したがって，係数は内積を用いて

$$a_n = (f, e^{2n\pi i\omega}) = \int_0^1 f(\omega) e^{-2n\pi i\omega} \, d\omega$$

で定めることができて，L^2 の意味で

$$f(\omega) = \sum_{n=-\infty}^{\infty} a_n e^{2n\pi i\omega}$$

と表すことができる．a_n を求める式で，積分内で $e^{-2n\pi i\omega}$ とマイナスを付けたのは誤りではない．複素数の世界では，ベクトルの内積は

$$\left(\begin{pmatrix} a \\ b \end{pmatrix}, \begin{pmatrix} c \\ d \end{pmatrix} \right) = ac + bd$$

ではなくて，後半のベクトルは複素共役をとって

$$\left(\begin{pmatrix} a \\ b \end{pmatrix}, \begin{pmatrix} c \\ d \end{pmatrix}\right) = a\bar{c} + b\bar{d}$$

とすることが，積分によって内積を定めた場合にも必要なことと，$\overline{e^{2n\pi i\omega}} = e^{-2n\pi i\omega}$ が成り立つことからきている．

6.4 その他

6.4.1 対角線論法と区間縮小法

　数学の証明ではよく用いられる手法だが，わかりにくいかもしれないのでここにまとめておくことにしよう．

　2つのパラメータをもつ数列 $a_1^k, a_2^k, \ldots$ で値を有界閉区間 I にとるものを考えよう．このとき，部分列 $m_1 < m_2 < \cdots$ が存在して，すべての $k = 1, 2, \ldots$ について数列 $a_{m_1}^k, a_{m_2}^k, \ldots$ は収束するようにできる．

　以下，これを証明しよう．まず，$k = 1$ の場合，数列 $a_1^1, a_2^1, \ldots$ を考えると，これは有界閉区間内に値をとるので，区間縮小法により部分列 $n_1^1 < n_2^1 < \cdots$ が存在して $a_{n_1^1}^1, a_{n_2^1}^1, \ldots$ は収束するようにできる．ついで，$k = 2$ の場合を考えるのだが，数列全体ではなく部分列 $a_{n_1^1}^2, a_{n_2^1}^2, \ldots$ を考えよう．これも区間縮小法により，$n_1^1 < n_2^1 < \cdots$ のさらに部分列 $n_1^2 < n_2^2 < \cdots$ が選べて，$a_{n_1^2}^2, a_{n_2^2}^2, \ldots$ は収束するようにできる．これを繰り返していけば，任意の k について部分列 $n_1^k < n_2^k < \cdots$ が選べて，$a_{n_1^k}^k, a_{n_2^k}^k, \ldots$ は収束するようにできる．これで任意の k について k 番目までは収束する部分列の構成はできたが，すべての k について収束する部分列を作らなければならない．これが対角線論法である．$m_k = n_k^k$ と選ぶと，数列 $m_1, m_2, \ldots$ は $n_1^1, n_2^1, \ldots$ の部分列であるから，$a_{m_1}^1, a_{m_2}^1, \ldots$ は $a_{n_1^1}^1, a_{n_2^1}^1, \ldots$ と同じ値に収束する．同様に $m_2, m_3, \ldots$ は $n_1^2, n_2^2, n_3^2, \ldots$ の部分列だから，$a_{m_1}^2, a_{m_2}^2, \ldots$ も収束する．一般にはじめの $k-1$ 項を除いた $m_k, m_{k+1}, \ldots$ は $n_1^k, n_2^k, \ldots$ の部分列だから $a_{m_1}^k, a_{m_2}^k, \ldots$ は収束することがわかる．

最後に，上で用いた区間縮小法についても述べておこう．$a_1, a_2, \ldots$ は有界閉区間 I 内の数列としよう．簡単のため，$I = [0, 1]$ としよう．これを半分にした $[0, \frac{1}{2}]$ または $[\frac{1}{2}, 1]$ のどちらかには数列の点が無限個含まれている．その区間を I_1 としよう．両方ともに無限個含まれているなら，好きなほうを I_1 としてよい．さらに I_1 に初めて入る点を a_{n_1} とおく．続いて I_1 を半分にして，無限個数列の点を含んでいるほうを I_2 とし n_1 より後で初めて I_2 に入る点を a_{n_2} としよう．こうしていくと，長さが半分になっていく閉区間の列

$$I_1 \supset I_2 \supset I_3 \supset \cdots$$

と部分列 $a_{n_1} \in I_1, a_{n_2} \in I_2, \ldots$ が得られる．区間は長さが 0 に収束するのですべての I_k に入る点がただ一つ定まる．これを a とおくと構成から

$$\lim_{k \to \infty} a_{n_k} = a$$

がわかる．

これが区間縮小法であり，自然な証明で納得がいくと思うのだが，この中に自然数の定義が含まれている．これが 6.1.1 項 (p.198) で述べた完備性であり，区間縮小法が成り立つことと完備性は必要十分であることが知られている．

6.4.2 非負の成分をもつ行列

ポテンシャルを与える行列はその成分がすべて非負である．このような行列については次の定理が成り立つ．

定理 6.7（ペロン・フロベニウスの定理）M を正の成分をもつ行列とする．

(1) $A = (a_{ij})_{1 \leq i, j \leq n}$ の最大固有値は正の実数で単純である．対応する固有ベクトルとして正の成分をもつものが選べる．この固有値をフロベニウス根という．
(2) ${}^tA$ のフロベニウス根は A のフロベニウス根と一致する．
(3) 正の最大固有値を λ で表そう．A の任意の固有値の絶対値は λ 以下である．

証明.
$$||\boldsymbol{x}||_\infty = \sum_{i=1}^n |x_i|$$
とおく.

ε を A の最小成分とする.任意の非負ベクトル $\boldsymbol{x}$ に対して
$$(A\boldsymbol{x})_i = \sum_{j=1}^n a_{ij}x_j \geq \varepsilon \sum_{j=1}^n x_j = \varepsilon ||x||_\infty \geq \varepsilon x_i$$
をみたす.
$$\alpha(\boldsymbol{x}) = \min_{i=1,\ldots,n} \frac{(A\boldsymbol{x})_i}{x_i}, \quad \beta(\boldsymbol{x}) = \max_{i=1,\ldots,n} \frac{(A\boldsymbol{x})_i}{x_i}$$
とおくと
$$\beta(\boldsymbol{x}) \geq \alpha(\boldsymbol{x}) \geq \varepsilon > 0$$
このとき
$$\boldsymbol{x}' = \frac{1}{||A\boldsymbol{x}||_\infty} A\boldsymbol{x}$$
とおく.$\beta(\boldsymbol{x})\boldsymbol{x} - A\boldsymbol{x}$ は非負ベクトル(最低 1 つの成分は 0 に等しい)なので
$$\frac{1}{||A\boldsymbol{x}||_\infty} A(\beta(\boldsymbol{x})\boldsymbol{x} - A\boldsymbol{x}) = \beta(\boldsymbol{x})\boldsymbol{x}' - A\boldsymbol{x}'$$
のすべての成分も非負である.このベクトルには 0 である成分があるとは限らないから,$\beta(\boldsymbol{x}')$ の定義より
$$\beta(\boldsymbol{x}) \geq \beta(\boldsymbol{x}')$$
がでる.同様に,$A\boldsymbol{x} - \alpha(\boldsymbol{x})\boldsymbol{x}$ も非負であるから
$$\begin{aligned}(A\boldsymbol{x}')_i - \alpha(\boldsymbol{x})x'_i &= \frac{1}{||A\boldsymbol{x}||_\infty}(A(A\boldsymbol{x} - \alpha(\boldsymbol{x})\boldsymbol{x}))_i \\ &\geq \frac{1}{||A\boldsymbol{x}||_\infty}\varepsilon ||A\boldsymbol{x} - \alpha(\boldsymbol{x})\boldsymbol{x}||_\infty\end{aligned}$$
とくに $||x||_\infty = 1$ とれば
$$||A||_\infty = \sup_{\boldsymbol{x}} \frac{||A\boldsymbol{x}||_\infty}{||\boldsymbol{x}||_\infty}$$

であるから
$$(A\boldsymbol{x}')_i - \alpha(\boldsymbol{x})x'_i \geq \frac{\varepsilon}{||A||_\infty}||A\boldsymbol{x} - \alpha(\boldsymbol{x})\boldsymbol{x}||_\infty$$
を得る．したがって，$\alpha(\boldsymbol{x}') \geq \alpha(\boldsymbol{x})$ をみたす．

$||\boldsymbol{x}_0||_\infty = 1$ をみたすベクトルを 1 つ選ぶ．
$$\boldsymbol{x}_{i+1} = \frac{1}{||A\boldsymbol{x}_i||_\infty} A\boldsymbol{x}_i$$
によって帰納的にベクトル $\boldsymbol{x}_i$ を定めれば $||\boldsymbol{x}_i||_\infty = 1$ をみたす．上に求めたことより
$$0 < \alpha(\boldsymbol{x}_0) \leq \alpha(\boldsymbol{x}_1) \leq \cdots \leq \beta(\boldsymbol{x}_1) \leq \beta(\boldsymbol{x}_0)$$
$$\alpha(\boldsymbol{x}_{i+1}) \geq \alpha(\boldsymbol{x}_i) + \frac{\varepsilon}{||A||_\infty}||A\boldsymbol{x}_i - \alpha(\boldsymbol{x}_i)\boldsymbol{x}_i||_\infty$$
したがって，
$$\alpha_* = \lim_{i \to \infty} \alpha(\boldsymbol{x}_i)$$
が存在し，
$$\lim_{i \to \infty} ||A\boldsymbol{x}_i - \alpha(\boldsymbol{x}_i)\boldsymbol{x}_i||_\infty = 0$$
をみたす．各成分が非負で長さ $||\boldsymbol{x}||$ が 1 に等しいもの全体はコンパクトであるから，収束する部分列 $\{\boldsymbol{x}_{i_n}\}_{n=1}^\infty$ が存在する．この極限を $\boldsymbol{x}_*$ とおけば $\boldsymbol{x}_*$ の各成分は非負で，$||\boldsymbol{x}_*||_\infty = 1$ であり
$$A\boldsymbol{x}_* = \alpha_* \boldsymbol{x}_*$$
をみたす．したがって，A にはすべての成分が非負であるような固有ベクトルをもつ正の固有値が存在することがわかった．ところで
$$A\boldsymbol{x}_* = \alpha_* \boldsymbol{x}_*$$
であるから，$\boldsymbol{x}_*$ はすべての成分も正であることがわかる．

転置行列 ${}^t A$ も正の行列であるので，正の固有値 β_* とそれに対応する正の成分をもつ固有ベクトル $\boldsymbol{y}_*$ が存在する．そこで
$$\alpha_*(\boldsymbol{y}_*, \boldsymbol{x}_*) = (\boldsymbol{y}_*, A\boldsymbol{x}_*) = ({}^t A\boldsymbol{y}_*, \boldsymbol{x}_*) = \beta_*(\boldsymbol{y}_*, \boldsymbol{x}_*)$$

さらに $\bm{x}_*$ も $\bm{y}_*$ も正の成分をもつことから $(\bm{y}_*, \bm{x}_*) > 0$ であるので，$\alpha_* = \beta_*$ がわかる．

同様に $\bm{x}$ を A の正の成分をもつ固有ベクトルをすると，対応する固有値を α とすると
$$\alpha(\bm{y}_*, \bm{x}) = (\bm{y}_*, A\bm{x}) = ({}^t A \bm{y}_*, \bm{x}) = \alpha_*(\bm{y}_*, \bm{x}_*)$$
より，$\alpha = \alpha_*$ に等しいこともわかる．$\bm{x} - c\bm{x}_*$ の1つの成分は0な非負ベクトルとなるように c を選ぶ．$\bm{x} - c\bm{x}_*$ が0ベクトルでないとすると
$$A(\bm{x} - \bm{x}_*) = \alpha_*(\bm{x} - \bm{x}_*)$$
であるが，左辺のすべての成分が正でなければならないことは矛盾である．したがって，固有値 α_* の固有空間の次元は1であることがわかった．

もしジョルダン細胞の次数が2以上なら
$$A\bm{x} = \alpha_* \bm{x} + \bm{x}_*$$
をみたす $\bm{x}$ が存在する．そこで
$$(\bm{y}_*, A\bm{x}) = \alpha_*(\bm{y}_*, \bm{x})$$
であるが
$$(\bm{y}_*, A\bm{x}) = (\bm{y}_*, \alpha_* \bm{x} + \bm{x}_*) = \alpha_*(\bm{y}_*, \bm{x}) + (\bm{y}_*, \bm{x}_*)$$
であるので，$(\bm{y}_*, \bm{x}_*) = 0$ となり矛盾である．したがって，固有値 α_* は単純である．

$\lambda \neq \alpha_*$ を A の固有値とし，対応する固有ベクトルを $\bm{x}$ とする．
$$|\lambda||x_i| = |\sum_{j=1}^n a_{ij} x_j| \leq \sum_{j=1}^n a_{ij} |x_j|$$
したがって
$$|\lambda| \sum_{i=1}^n (y_*)_i |x_i| \leq \sum_{i,j=1}^n (y_*)_i a_{ij} |x_j|$$
$$= \alpha_* \sum_{j=1}^n (y_*)_j |x_j|$$

ゆえに $|\lambda| \leq \alpha_*$ がでるが，もし，$|\lambda| = \alpha_*$ ならば上の式が等号であるのだから，

$$\sum_{j=1}^{n} a_{ij}|x_j| = |\lambda||x_i| = |\lambda x_i| = |\sum_{j=1}^{n} a_{ij}x_j|$$

でなければならない．このことは x_j はすべて同じ偏角 θ をもつことになる．$e^{-i\theta}\boldsymbol{x}$ はすべて非負の成分をもつ固有ベクトルとなるので，固有値は α_*，すなわち $\lambda = \alpha_*$ でなければならない．このことは $\theta = 0$ であることも示している．
□

この定理を正の成分の行列ではなくて，非負の成分をもつ行列の場合に拡張しよう．まず次の補題を用意する．

補題 6.3 A を正の成分をもつ $n \times n$ 行列とする．定理 6.7 よりフロベニウス根 $\alpha > 0$ が存在して，固有ベクトル $\boldsymbol{x}$ のすべての成分は正である．

(1) $\lambda > \alpha$ ならば $\lambda I - A$ は正則で，$(\lambda I - A)^{-1}$ は正の成分をもつ．ここで I は $n \times n$ の単位行列を表す．

(2) 非負のベクトル $\boldsymbol{x}$ が存在して，$(A - \lambda I)\boldsymbol{x}$ が非負の成分をもつベクトルならば，$\lambda \leq \alpha$ である．

(3) A と B を正の成分をもつ $n \times n$ 行列で $A - B$ が非負の成分をもつ行列ならば，B のフロベニウス根は A のフロベニウス根以下である．

証明． λ は A の固有値ではないので，$\lambda I - A$ は正則である．$\frac{1}{\lambda}A$ の固有値は絶対値で 1 より小さいことになる．したがって

$$\begin{aligned}(\lambda I - A)^{-1} &= \frac{1}{\lambda}\left(I - \frac{1}{\lambda}A\right)^{-1} \\ &= \frac{1}{\lambda}\sum_{n=0}^{\infty}\left(\frac{A}{\lambda}\right)^n\end{aligned}$$

右辺は成分がすべて正の行列であるから $(\lambda I - A)^{-1}$ の成分はすべて正である．これで (1) の証明が終わる．

$\lambda > \alpha$ とすると, $(\lambda I - A)^{-1}$ は正の成分をもつので, $\boldsymbol{y}$ が正の成分をもつベクトルならば $\boldsymbol{x} = (\lambda I - A)^{-1}\boldsymbol{y}$ もすべて正の成分をもつ. したがって, $(A - \lambda I)\boldsymbol{x} = -\boldsymbol{y}$ はすべて負の成分をもつ. したがって, (2) の仮定が成り立つならば, $\lambda \leq \alpha$ でなければならない.

B のフロベニウス根を β, 対応する正の成分をもつ固有ベクトルを $\boldsymbol{y}$ とすると $(A - \beta I)\boldsymbol{y} = (A - B)\boldsymbol{y}$ は成分がすべて非負である. (2) より β は A のフロベニウス根以下でなければならない. □

系 6.2 A を非負の正方行列とする.

(1) A は非負の固有値をもつ. その最大のものには非負の成分をもつ固有ベクトルが存在する. この根もフロベニウス根という.
(2) A の固有値の絶対値はフロベニウス根以下である.
(3) ${}^t A$ のフロベニウス根は A のフロベニウス根と等しい.

証明. A を $n \times n$ 行列とする. $t > 0$ について $A(t) = (a_{ij} + t)_{1 \leq i,j \leq n}$ とおくと, $A(t)$ は正の成分をもつ行列になるので, 定理 6.7 からそのフロベニウス根を $\alpha(t)$, 対応する正の成分をもつ固有ベクトルを $\boldsymbol{x}(t)$ ととる. ここで $\|\boldsymbol{x}(t)\|_\infty = 1$ ととろう.

$A(t)$ の各成分は単調増加なので, 補題 6.3(3) より $\alpha(t)$ は単調増加でなければならない. $\boldsymbol{x}(t)$ から $t_n \to 0$ となる列と収束する部分列 $\boldsymbol{x}(t_n) \to \boldsymbol{x}$ が選べる.

$$\lim_{n \to \infty} A(t_n)\boldsymbol{x}(t_n) = \lim_{n \to \infty} \alpha(t_n)\boldsymbol{x}(t_n) = \alpha \boldsymbol{x}$$

であると同時に

$$\lim_{n \to \infty} A(t_n)\boldsymbol{x}(t_n) = A\boldsymbol{x}$$

であるから, $A\boldsymbol{x} = \alpha \boldsymbol{x}$ である. $\alpha(t) > 0$ かつ $\boldsymbol{x}(t)$ の成分はすべて正であるから, $\alpha \geq 0$ および $\boldsymbol{x}$ の成分が非負であることが導けた. また, $A(t)$ の任意の固有値の絶対値は $\alpha(t)$ より小さいのだから, (2) も証明された. □

索引

【ア行】
圧力, 56, 75, 140
アドラー・ワイスの例, 191
アンサンブル, 45
アンチフェロマグネティック, 64
安定ポテンシャル, 76
イジングモデル, 63, 116
位置エネルギー, 46
一様収束, 198, 199, 215, 216
運動エネルギー, 46, 70
H 定理, 33
エネルギー平面, 16
FKG 不等式, 120
エルゴード仮説, 151
エルゴード性, 149
エルゴード定理, 146, 167
L^2, 221
L^1, 220
エーレンフェストの壺, 3, 6
エントロピー, 34, 55, 70, 181, 187
穏やかなポテンシャル, 75
オートマトン, 5
温度, 136, 138

【カ行】
概収束, 216
化学ポテンシャル, 49, 143
下極限, 199
各点収束, 199, 216
確率空間, 208
確率分布, 204
可積分, 220
可測, 208, 220
可測分割, 213
カノニカルアンサンブル, 45, 48, 53, 55, 73, 93, 103
カノニカル分配関数, 49
完全不変量, 195
完備, 198, 215

幾何分布, 205
記号力学系, 191
期待値, 206
ギッブス測度, 111, 113
逆温度, 49
極限, 197
区間縮小法, 224
グランドカノニカルアンサンブル, 45, 49, 53, 56, 74, 95
グランドカノニカル分配関数, 50
K システム, 165
広義一様収束, 199
格子系, 51
構造行列, 61
コーシー列, 198
固有値, 219
コルモゴロフ・シナイの定理, 187
コルモゴロフの拡張定理, 209
混合性, 153
コンパクト, 115

【サ行】
時間平均, 151
σ 代数(アルジェブラ), 208
事象, 208
弱混合性, 163
自由エネルギー, 56, 74, 103
上極限, 199
条件付き確率, 5, 210
条件付き平均値, 212
初期確率, 6
推移確率, 5
スターリングの公式, 18
スピン系, 97
スペクトル分解, 218
正規分布, 18, 206
線形空間, 214
線形作用素, 217

線形写像, 217
相空間, 10
相転移, 116
相平均, 151
測度空間, 220

【タ行】
対角線論法, 223
対称作用素, 218
大数の法則, 209
単位の分解, 218
中心極限定理, 210
筒集合, 113
DLR 測度, 112
デルタ関数, 47, 69
点スペクトル, 219
等距離作用素, 217
ドゥーブの定理, 213
独立, 207

【ナ行】
内積, 215
2 項分布, 205
熱力学的極限, 45, 53
ノルム, 215, 220

【ハ行】
バナッハ空間, 215, 220
ハミルトニアン, 14, 46, 52
半連続, 77
BBGKY ヒエラルキー, 38
非負定値, 79
標準偏差, 207
ヒルベルト空間, 215
ファン ホーベ, 82
フィッシャー, 82
フェルミオン, 52
フェルミ・ディラック統計, 52
フェロマグネティック, 64
不変, 146
不変確率, 6, 24
不変量, 194
フーリエ級数, 221

フロベニウス根, 224
分散, 206
平均, 206
平均自由行程, 32
平均収束, 216
平衡状態, 2, 24
ベータ展開, 154
ベータ変換, 154
ベルヌーイ, 94, 167
ペロン・フロベニウスの定理, 224
変分原理, 97, 102, 108
ポアソン分布, 19, 205
ボーズ・アインシュタイン統計, 52
ボゾン, 52
ポテンシャル, 17, 46
ボルツマン・グラッド極限, 40
ボルツマン定数, 49
ボルツマン方程式, 25, 32
ボレル・カンテリの定理, 20

【マ行】
マックスウェル・ボルツマン統計, 52
マルコフ, 61, 63, 99
ミクロカノニカルアンサンブル, 45, 47, 52, 54, 65
ミクロカノニカル分配関数, 47
密度関数, 205

【ヤ行】
ユニタリ作用素, 218

【ラ行】
ラドン・ニコディムの定理, 211
力学系, 145
離散型確率分布, 204
理想気体, 17, 54, 93, 168
流体力学的極限, 27
リューヴィル作用素, 37
リューヴィルの定理, 16
量子系, 51
輪郭線, 118
ルベーグ積分, 219
連続型確率分布, 205

連続スペクトル, 219
連分数展開, 154
連分数変換, 154

【ワ行】
ワイル変換, 154

Memorandum

Memorandum

著者紹介

森　真
もり　まこと

1970年　東京大学理学部数学科卒業
1973年　東京大学大学院理学系研究科修士課程修了
1997年　日本大学文理学部教授（現在に至る）

主要著書

なっとくする数理ファイナンス（講談社，2001年）
現象から見た確率論入門（共著 講談社，2002年）
なっとくする統計（共著 講談社，2003年）
確率と確率過程の基礎（経済社会の数理科学3，共立出版，2003年）
ルベーグ積分超入門（共立出版，2004年）

数学で読み解く統計力学
　―平衡状態とエルゴード仮説―
Statistical Mechanics from the view Point of Mathematics

2006年11月25日　初版1刷発行

著　者　森　　　真　Ⓒ 2006
発行者　南　條　光　章
発行所　共立出版株式会社
　　　　東京都文京区小日向4丁目6番19号
　　　　電話　東京(03)3947-2511番（代表）
　　　　郵便番号 112-8700
　　　　振替口座 00110-2-57035 番
　　　　URL　http://www.kyoritsu-pub.co.jp/

印　刷
製　本　　錦明印刷

検印廃止
NDC415.5, 417.1, 426.5
ISBN 4-320-01815-X

社団法人
自然科学書協会
会員

Printed in Japan

<㈱日本著作出版権管理システム委託出版物>
本書の無断複写は著作権法上での例外を除き禁じられています．複写される場合は，そのつど事前に㈱日本著作出版権管理システム（電話03-3817-5670, FAX 03-3815-8199）の許諾を得てください．

総合的な"世界の数学通史書"といえる名著の翻訳本!

カッツ 数学の歴史

A history of mathematics : an introduction (2nd ed.)

Victor J. Katz 著　　監訳：上野健爾・三浦伸夫

翻訳：中根美知代・髙橋秀裕・林　知宏・大谷卓史・佐藤賢一・東　慎一郎・中澤　聡

　本書は，北米の数学史の標準的な教科書と位置付けられ，ヨーロッパ諸国でも高い評価を受けている名著の翻訳本。古代，中世，ルネサンス期，近代，現代と全時代を通して書かれており，地域も西洋は当然として，古代エジプト，ギリシア，中国，インド，イスラームと幅広く扱われており，現時点での数学通史の決定版といえる。

　日本語版においては，引用文献に対して原語で書かれている文献にまで立ち返るなど，精密な翻訳作業が行われた。また，邦訳文献，邦語文献もなるべく付け加えるようにし，読者が，次のステップに躊躇なく進めるように配慮されている。さらに，索引を事項索引，人名索引，著作索引の3種類を用意し，読者の利便性を向上させた。数学史を学習・教授・研究する全ての人に必携の書となろう。

≪CONTENTS≫

第Ⅰ部　6世紀以前の数学
- 第1章　古代の数学
- 第2章　ギリシア文化圏での数学の始まり
- 第3章　アルキメデスとアポロニオス
- 第4章　ヘレニズム期の数学的方法
- 第5章　ギリシア数学の末期

第Ⅱ部　中世の数学：500年—1400年
- 第6章　中世の中国とインド
- 第7章　イスラームの数学
- 第8章　中世ヨーロッパの数学
- 間　章　世界各地の数学

第Ⅲ部　近代初期の数学：1400年—1700年
- 第9章　ルネサンスの代数学
- 第10章　ルネサンスの数学的方法
- 第11章　17世紀の幾何学，代数学，確率論
- 第12章　微分積分学の始まり

第Ⅳ部　近代および現代数学：1700年—2000年
- 第13章　18世紀の解析学
- 第14章　18世紀の確率論，代数学，幾何学
- 第15章　19世紀の代数学
- 第16章　19世紀の解析学
- 第17章　19世紀の幾何学
- 第18章　20世紀の諸相

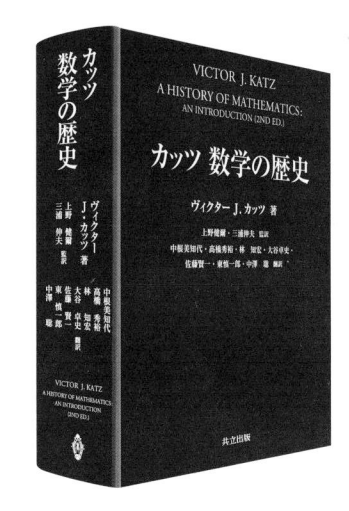

B5判・1,024頁

上製本

定価19,950円（税込）

◆本書の詳細情報はホームページでご覧いただけます。「序文」，「組み見本（内容の一部）」などのPDFファイルを掲載しています。

〒112-8700 東京都文京区小日向4-6-19　**共立出版**
TEL：03-3947-2511／FAX：03-3947-2539

http://www.kyoritsu-pub.co.jp/
▶共立出版ニュースメール会員募集中◀